新编

中文版 **Photoshop**

平面设计入门与提高

（第2版）

王洪江 编著

人民邮电出版社

北 京

图书在版编目（ＣＩＰ）数据

新编中文版Photoshop平面设计入门与提高 / 王洪江
编著. -- 2版. -- 北京 ： 人民邮电出版社，2020.6
ISBN 978-7-115-51766-1

Ⅰ．①新… Ⅱ．①王… Ⅲ．①平面设计－图象处理软
件 Ⅳ．①TP391.413

中国版本图书馆CIP数据核字(2019)第188253号

内 容 提 要

这是一本讲解 Photoshop 重要技法及平面设计应用的书。

本书共分为 10 课，第 1 课由浅入深地讲解了 Photoshop 的各项功能，后面 9 课结合标志设计、卡片设计、海报设计、DM 单设计、包装设计和 UI 界面设计等实际工作中常见的案例，详细讲解了 Photoshop 在平面设计领域的应用，图文并茂，条理清晰。每课都配有课后习题，读者在学完案例后可以动手练习，以拓展自己的创意思维，提高平面设计能力。

本书附带学习资源，内容包括操作练习、综合练习和课后习题的素材文件、实例文件，以及 PPT 课件和在线教学视频。读者可通过在线方式获取这些资源，具体方法请参看本书前言。

本书适合平面设计初学者阅读，同时也可以作为相关教育培训机构的教材。

◆ 编　著　王洪江
　　责任编辑　张丹丹
　　责任印制　马振武

◆ 人民邮电出版社出版发行　　北京市丰台区成寿寺路 11 号
　　邮编　100164　　电子邮件　315@ptpress.com.cn
　　网址　https://www.ptpress.com.cn
　　北京天宇星印刷厂印刷

◆ 开本：700×1000　1/16
　　印张：13.5　　　　　　　　2020 年 6 月第 2 版
　　字数：377 千字　　　　　　2025 年 1 月北京第 21 次印刷

定价：49.80 元

读者服务热线：(010)81055410　印装质量热线：(010)81055316
反盗版热线：(010)81055315
广告经营许可证：京东市监广登字 20170147 号

前言

　　Photoshop是一款优秀的图像处理软件，它功能强大，应用广泛，无论是从事专业的设计工作，还是在生活中处理照片，Photoshop都是人们的首选软件之一。

　　作为一本Photoshop平面设计入门与提高教程，本书立足于Photoshop常用、实用的设计功能，选择典型的平面设计案例，力求为读者提供一套"门槛低、易上手、能提升"的Photoshop平面设计学习方案，同时也能够满足教学、培训等方面的使用需求。

　　下面就本书的一些具体情况做详细介绍。

内容特色

　　本书的内容特色有以下4个方面。

　　入门轻松：本书从Photoshop的基础知识入手，逐一讲解了平面设计中常用的工具，力求让零基础的读者能轻松入门。

　　由浅入深：根据读者学习新技能的思维习惯，本书注重设计案例的难易程度安排，尽可能把简单的案例放在前面，使读者学习起来更加轻松。

　　精选题材：平面设计领域所涵盖的知识非常丰富，对此，本书精选了平面设计的常用题材进行讲解，如Logo、卡片、海报、广告、画册、包装、界面设计等，这些也是平面设计的基础科目，应学内容。

　　随学随练：本书主要采用案例式的教学方法，读者不仅可以了解案例的设计思路，还可以根据操作详解来一步步完成案例的制作。每一课都安排了相应的设计案例和课后习题，读者学完案例之后，还可以继续做课后习题，以便加深对相关设计知识的理解和掌握。

图书内容

　　本书总计10课内容，分别介绍如下。

　　第1课讲解Photoshop的基本设计功能，包括文件的基本操作、图像的裁剪与变换、选区的创建与编辑、绘画与图像修饰、调色工具、文本工具、通道与蒙版、滤镜工具等。熟练掌握这些知识，就可以完成简单的设计工作了。

　　第2课讲解Logo（标志）设计知识。

　　第3课讲解卡片设计知识，包括名片、品牌VIP卡、贺卡的设计与制作。

　　第4课讲解海报设计知识。

　　第5课讲解杂志和报纸广告设计知识，主要是产品广告的设计与制作。

　　第6课讲解DM单设计知识，包括单页、折页型的DM单设计。

　　第7课讲解画册设计知识，主要是宣传画册的设计与制作。

　　第8课讲解书籍装帧设计知识，主要是图书封面的设计与制作。

　　第9课讲解包装设计知识，包括食品、化妆品、饮品的包装设计与制作。

　　第10课讲解UI界面设计知识，包括手机界面、游戏界面、网页界面的设计与制作。

版面结构

本书的内容由知识讲解、操作练习、综合练习、课后习题和本课笔记5个部分组成，每个部分的样式和功能如下。

实例、素材及视频
列出了该练习的素材、实例文件在学习资源中的位置，以及视频名称，方便读者查找。

操作练习
针对操作性较强又比较重要的功能设置的小练习，供读者边学边做，加深理解。

综合练习
针对当课内容做综合性的练习，案例相对于"操作练习"更加完整，操作步骤略微复杂。

课后习题
针对本课部分重要内容进行巩固练习，加强读者独立完成设计的能力。

本课笔记
便于读者记录学到的知识和遇到的问题。

其他说明

本书附带学习资源，内容包括操作练习、综合练习和课后习题的素材文件、实例文件，以及PPT课件和在线教学视频。扫描"资源获取"二维码，关注我们的微信公众号，即可得到资源文件获取方式。如需资源获取技术支持，请致函szys@ptpress.com.cn。在学习的过程中，如果遇到问题，欢迎您与我们交流，客服邮箱：press@iread360.com。

资源获取

编者
2020年1月

C O N T E N T S

目录

Photoshop的设计功能

本课将讲解Photoshop的各项功能，帮助读者熟悉软件，掌握各个工具的使用方法，进而能够运用工具进行设计制作。

学习要点

- » 文件的基本操作
- » 图像的变形
- » 选区的创建和羽化
- » 图像的修饰和调色
- » 蒙版与通道的运用
- » 滤镜功能的应用

1.1 Photoshop的界面构成

随着版本的不断升级，Photoshop的工作界面布局也更加合理、更加人性化。启动Photoshop CS6，图1-1所示是其工作界面。工作界面由菜单栏、选项栏、标题栏、工具箱、状态栏、文档窗口以及各式各样的面板组成。

图1-1

1.1.1 菜单栏

Photoshop CS6的菜单栏包含11组主菜单，分别是文件、编辑、图像、图层、文字、选择、滤镜、3D、视图、窗口和帮助，如图1-2所示。单击相应的主菜单，即可打开该菜单下的命令，如图1-3所示。

图1-2

图1-3

1.1.2 标题栏

打开一个文件，Photoshop会自动创建一个标题栏。标题栏中会显示这个文件的名称、格式、窗口缩放比例以及颜色模式等信息，如图1-4所示。

图1-4

1.1.3 文档窗口

文档窗口是显示打开图像的地方。如果只打开了一张图像，则只有一个文档窗口，如图1-5所示；如果打开了多张图像，则文档窗口会按选项卡的方式进行显示，如图1-6所示。单击一个文档窗口的标题栏即可将其设置为当前工作窗口。

图1-5

图1-6

图1-8

1.1.4 工具箱

"工具箱"中集合了Photoshop CS6的大部分工具，这些工具分别是选择工具、裁剪与切片工具、吸管与测量工具、绘画工具、修饰工具、路径与矢量工具、文字工具和导航工具；此外，还有一组设置颜色和切换模式的图标，以及一个特殊工具"以快速蒙版模式编辑"，如图1-9所示。使用鼠标单击一个工具，即可选择该工具，如果工具的右下角带有三角形图标，表示这是一个工具组，在工具上单击鼠标右键即可弹出隐藏的工具。

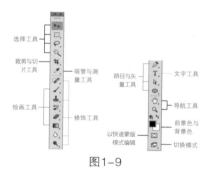

图1-9

提示

在默认情况下，Photoshop中打开的所有文件都会以停放为选项卡的方式紧挨在一起。按住鼠标左键拖曳文档窗口的标题栏，可以将其设置为浮动窗口，如图1-7所示；按住鼠标左键将浮动文档窗口的标题栏拖曳到选项卡区域，文档窗口会停放到选项卡中，如图1-8所示。

图1-7

提示

"工具箱"可以单双栏切换，单击"工具箱"顶部的 >> 图标，可以将其由单栏变为双栏，如图1-10所示，同时 >> 图标会变成 << 图标；再次单击，可以将其还原为单栏。另外，可以将"工具箱"设置为浮动状态，方法是将光标放置在 ▥▥▥▥▥ 图标上，然后按住鼠标左键进行拖曳（将"工具箱"拖曳到原处，可以将其还原为停靠状态）。

图1-10

1.1.5 选项栏

选项栏主要用来设置工具的参数，不同的工具，其选项栏也不同。例如，当选择"移动工具" ▶₊ 时，其选项栏会显示图1-11所示的内容。

图1-11

1.1.6 状态栏

状态栏位于工作界面的底部，可以显示当前文档的大小、文档尺寸、当前工具和窗口的缩放比例等信息。单击状态栏中的三角形图标 ▶，可设置要显示的内容，如图1-12所示。

图1-12

1.2 文件的基本操作

要想在Photoshop中对文件进行编辑，首先要了解文件的基本操作方式，包括新建、打开、存储、关闭等。

1.2.1 新建文件

命令："文件>新建"菜单命令

作用：新建一个空白文件

快捷键：Ctrl+N

通常情况下，要处理一张已有的图像，只需要将该图像在Photoshop中打开即可。如果是制作一张新图像，就需要在Photoshop中新建一个文件。执行"文件>新建"菜单命令或按Ctrl+N快捷

键，打开"新建"对话框，如图1-13所示。在该对话框中可以设置文件的名称、尺寸、分辨率和颜色模式等。

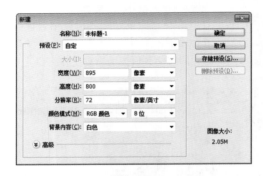

图1-13

新建对话框选项介绍

名称：用于设置文件的名称，默认情况下的文件名为"未标题-1"。

预设：用于选择一些内置的常用尺寸，单击"预设"下拉列表即可进行选择。"预设"列表中包含了"剪贴板""默认Photoshop大小""美国标准纸张""国际标准纸张""照片"、Web、"移动设备""胶片和视频"和"自定"9个选项，如图1-14所示。

图1-14

大小：用于设置预设类型的大小。当设置"预设"为"美国标准纸张""国际标准纸张""照片"、Web、"移动设备"或"胶片和视频"时，"大小"选项才可用，以"国际标准纸张"预设为例，如图1-15所示。

宽度/高度：用于设置文件的宽度和高度，其单位有"像素""英寸""厘米""毫米""点""派卡"和"列"7种，如图1-16所示。

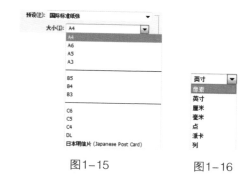

图1-15　　　　　图1-16

分辨率：用来设置文件的分辨
率，其单位有"像素/英寸"和"像
素/厘米"两种，如图1-17所示。一
般情况下，图像的分辨率越高，印刷
出来的质量就越好。

图1-17

颜色模式：用来设置文件的颜色模式以及相
应的颜色深度。颜色模式可以选择"位图""灰
度""RGB颜色""CMYK颜色"或"Lab颜色"，
如图1-18所示；颜色深度可以选择"1位""8
位""16位"或"32位"，如图1-19所示。

图1-18　　　　　图1-19

背景内容：设置文件的背景内容，有"白色""背
景色"和"透明"3个选项，如图1-20所示。

图1-20

提示

如果设置"背景内容"为"白色"，那么新建文件的
背景色就是白色；如果设置"背景内容"为"背景色"，
那么新建文件的背景色就是
Photoshop当前设置的背景
色；如果设置"背景内容"
为"透明"，那么新建文件
的背景就是透明的，如图
1-21所示。

图1-21

1.2.2　打开/存储/关闭文件

前面的内容介绍了新建文件的方法，如果
需要对已有的图像文件进行编辑，那么就需要在
Photoshop中将其打开。

1. 打开文件

命令："文件>打开"菜单命令

作用：打开文件

快捷键：Ctrl+O

执行"文件>打开"菜单命令，然后在弹出
的"打开"对话框中选择需要打开的文件，接
着单击"打开"按钮 打开(O) 或双击文件即可在
Photoshop中打开该文件，如图1-22所示。

图1-22

提示

在打开文件时，如果找不到想要打开的文件，可
能有以下两个原因。

第1个：Photoshop不支持这个文件格式。

第2个："文件类型"设置不正确。例如，设置"文件
类型"为JPG格式，那么在"打开"对话框中就只能显示
这种格式的图像文件。这时设置"文件类型"为"所有格
式"，就可以查看到相应的文件（前提是计算机中存在该
文件）。

除了以上介绍的打开文件的方式，还可以利
用快捷方式打开文件。选择一个需要打开的文件，
然后将其拖曳到Photoshop的快捷图标上，如图

1-23所示；或者选中需要打开的文件并单击鼠标右键，接着在弹出的快捷菜单中选择"打开方式>Adobe Photoshop CS6"命令，如图1-24所示。

图1-23

图1-24

如果已经运行了Photoshop，这时也可以直接将需要打开的文件拖曳到Photoshop的窗口中，如图1-25所示。

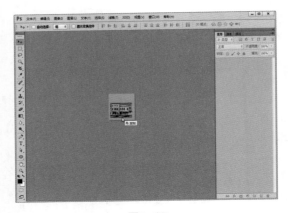

图1-25

2.存储文件

命令："文件>存储"菜单命令

作用：将文件存储一份

快捷键：Ctrl+S

命令："文件>存储为"菜单命令

作用：将文件另存一份

快捷键：Shift+Ctrl+S

对文件编辑完成以后，可以执行"文件>存储"菜单命令或按Ctrl+S快捷键，将文件保存起来，如图1-26所示。存储时将保留所做的更改，并且会替换掉原有的文件，同时会按照原有格式进行保存。

如果需要将文件保存到另一个位置或使用另一文件名进行保存，可以通过执行"文件>存储为"菜单命令或按Shift+Ctrl+S快捷键来完成，如图1-27所示。在使用"存储为"命令另存文件时，Photoshop会弹出"存储为"对话框，在该对话框中可以设置新的文件名和文件格式等。

图1-26

图1-27

提示

如果是新建的一个文件，那么在执行"文件>存储"菜单命令时，Photoshop会弹出"储存为"对话框。

3.关闭文件

编辑完图像后，首先需要将该文件进行保存，然后关闭文件，Photoshop提供了4种关闭文件的方法，如图1-28所示。"关闭并转到Bridge"命令在日常工作中很少用到，这里不做讲解。

图1-28

关闭：执行该命令或按Ctrl+W快捷键，可以关闭当前处于编辑状态的文件。使用这种方法关闭文件时，其他文件将不受任何影响。

关闭全部：执行该命令或按Alt+Ctrl+W快捷键，可以关闭所有的文件。

退出：执行该命令或者单击Photoshop界面右上角的"关闭"按钮 ✕ ，可以关闭所有的文件并退出Photoshop。

1.2.3　修改图像大小

命令："图像>图像大小"菜单命令

作用：修改图像的大小

快捷键：Alt+Ctrl+I

可以根据用户或工作的需要来调整图像的尺寸。打开一张图像，执行"图像>图像大小"菜单命令或按Alt+Ctrl+I快捷键，即可打开"图像大小"对话框，如图1-29所示。在"图像大小"对话框中可更改图像的尺寸，减小文档的"宽度"和"高度"值，如图1-30所示，这样就会减少像素数量，虽然肉眼看不出图像质量的变化，但图像大小明显小了很多；若提高文档的分辨率，则会增加新的像素，此时虽然图像尺寸变大，但图像的质量并没有提升，导致画面被强行放大，品质下降，如图1-31所示。

图1-29

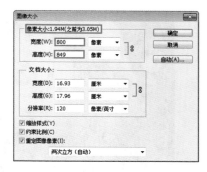

图1-30

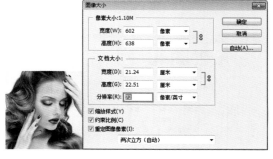

图1-31

> **提示**
> 修改像素大小后，新文件的大小会出现在对话框的顶部，旧文件的大小在括号内显示。

1.2.4　修改与旋转画布

在Photoshop 中可以调整画布的大小。通过这一方式扩展照片尺寸后，扩展区域的空白像素可被填充为指定的颜色。

1.画布大小

命令："图像>画布大小"菜单命令

作用：对画布的宽度、高度、定位和扩展背景颜色进行调整

快捷键：Alt+Ctrl+C

画布指整个文档的工作区域，如图1-32所示。执行"图像>画布大小"菜单命令或按Alt+Ctrl+C快捷键，打开"画布大小"对话框，如图1-33所示。在该对话框中可以对画布的宽度、高度、定位和画布扩展颜色进行调整。

图1-32

图1-33

时针）"命令和"水平翻转画布"命令后的图
像效果。

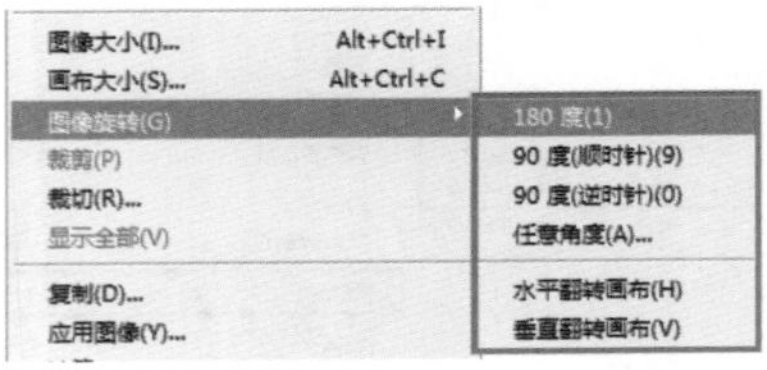

图1-35

图1-36

提示

当新画布大小小于当前画布大小时，Photoshop
会对当前画布进行裁切，并且在裁切前会弹出一个警
告对话框，如图1-34所示，提醒用户是否进行裁切
操作，单击"继续"按钮 继续(P) 将进行裁切，单击
"取消"按钮 取消 将不裁切。

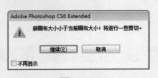

图1-34

2.旋转画布

命令："图像>图像旋转"菜单命令

作用：对画布进行旋转

快捷键：Alt+I+G

如图1-35所示，使用"图像旋转"命令可
以旋转或翻转整个图像。图1-36所示为原图，
图1-37和图1-38所示分别是执行"90度（顺

图1-37

提示

执行"图像>图像旋
转>任意角度"菜单命
令，可以自由设置旋转
画布的角度。

图1-38

操作练习 | 修改照片比例和大小以利于网络传输

» 实例位置　实例文件>CH01>操作练习：修改照片比例和大小以利于网络传输.psd
» 素材位置　素材文件>CH01>素材01.jpg
» 视频名称　操作练习：修改照片比例和大小以利于网络传输
» 技术掌握　修改图像大小的方法

在网络中上传图像时，很多网站都限制了上传图像的比例和大小，所以需要修改图像比例和大小以便上传。例如，本例中我们假设网络要求上传图像不大于1MB，可以通过以下的操作达到要求。

⊙ 操作步骤

01 按Ctrl+O快捷键打开学习资源中的"素材文件>CH01>素材01.jpg"文件，然后按Ctrl+J快捷键复制一个图层，得到"图层1"，如图1-39所示。

图1-39

02 执行"图像>画布大小"菜单命令，打开"画布大小"对话框，如图1-40所示，从该对话框中可以看到当前画布的宽度和高度等信息，将画布修改为正方形，设置宽度和高度都为33.09厘米，如图1-41所示，修改后的图像如图1-42所示。

图1-40

图1-41

图1-42

03 执行"图像>图像大小"菜单命令，打开"图像大小"对话框，如图1-43所示，从该对话框中可以看出该图像大小为2.52MB，尺寸太大不利于网络上传。

图1-43

04 在"图像大小"对话框中更改宽度和高度都为500像素，如图1-44所示，此时可以看到图像大小变为732.4KB，小于1MB，符合我们想要的尺寸。

图1-44

05 单击"确定"按钮 确定 ，最终效果如图1-45所示。

图1-45

1.3 裁剪图像

在做设计的过程中，有时候为了达到有趣的效果，或为了满足设计需求，需要裁剪掉多余的内容，对图像进行重新构图，这时就可以用"裁剪工具" 来完成。

工具："裁剪工具"

作用：裁剪掉多余的图像，并重新定义画布的大小

快捷键：C

裁剪是指移去部分图像，以达到突出某一部分或加强构图效果的目的。使用"裁剪工具" 可以裁剪掉图像多余的部分，并重新定义画布的大小。在"工具箱"中选择"裁剪工具" ，调出其选项栏，如图1-46所示，下面对其功能进行讲解。

图1-46

1.3.1 比例

在该下拉列表中可以选择一个约束选项，按一定比例对图像进行裁剪，如图1-47所示。

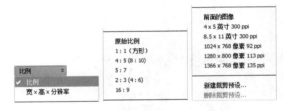

图1-47

1.3.2 拉直图像

单击"通过在图像上画一条线来拉直该图像"按钮 ，可以通过在图像上绘制一条线来确定裁剪区域与裁剪框的旋转角度，如图1-48和图1-49所示。

图1-48

图1-49

1.3.3 视图

在该下拉列表中可以选择裁剪参考线的样式及其叠加方式，如图1-50所示。裁剪参考线包含"三等分""网格""对角""三角形""黄金比例"和"金色螺线"6种，叠加方式包含"自动显示叠加""总是显示叠加"和"从不显示叠加"3个选项，"循环切换叠加"和"循环切换叠加取向"两个选项用来设置叠加的循环切换方式。

图1-50

1.3.4 设置其他裁切选项

单击"设置其他裁切选项"按钮，可以打开设置其他裁剪选项的设置面板，如图1-51所示。在日常的设计工作中，"删除裁剪的像素"比较常用，如果勾选该选项，在裁剪结束时将删除被裁剪的图像；如果关闭该选项，则将被裁剪的图像隐藏在画布之外。

图1-51

✋ 操作练习　裁剪图像

» 实例位置　实例文件>CH01>操作练习：裁剪图像.psd
» 素材位置　素材文件>CH01>素材02.jpg
» 视频名称　操作练习：裁剪图像
» 技术掌握　裁剪工具的用法

当画布过大或者图片四周有不重要的元素时，可以裁剪掉多余的图像，以突出画面中的重要元素。

⊙ **操作步骤**

01 按Ctrl+O快捷键，打开学习资源中的"素材文件>CH01>素材02.jpg"文件，如图1-52所示。

图1-52

02 在"工具箱"中单击"裁剪工具"按钮或按C键，此时在画布中会显示出裁剪框，如图1-53所示。

图1-53

03 按住鼠标左键调整裁剪框四周的定界点，确定裁剪区域，如图1-54所示。

04 确定裁剪区域和旋转角度以后，可以按Enter键或双击鼠标左键，也可在选项栏中单击"提交当前裁剪操作"按钮✓完成裁剪操作，最终效果如图1-55所示。

图1-54　　　　　图1-55

1.4　图像变换与变形

移动、旋转、缩放、扭曲、斜切等是Photoshop中处理图像的基本方法。其中移动、旋转和缩放称为变换操作，而扭曲和斜切称为变形操作。"编辑"菜单下的"自由变换"命令，可以用来改变图像的形状。

1.4.1　移动工具

工具："移动工具"➕

作用：在单个或多个文档中移动图层或选区中的图像

快捷键：V

使用"移动工具"➕可以在文档中移动图层、选区中的图像，也可以将其他文档中的图像拖曳到当前文档，图1-56所示是该工具的选项栏。

图1-56

移动工具常用选项介绍

自动选择：如果文档中包含了多个图层或图层组，可以在后面的下拉列表中选择要移动的对象。如果选择"图层"选项，使用移动工具在画布中单击时，可以自动选择移动工具下面包含像素的顶层的图层；如果选择"组"选项，在画布中单击时，可以自动选择移动工具下面包含像素的顶层的图层所在的图层组。

对齐图层：当同时选择了两个或两个以上

的图层时，单击相应的按钮可以将所选图层进行对齐。对齐方式包括"顶对齐"🔲、"垂直居中对齐"🔳、"底对齐"🔳、"左对齐"🔳、"水平居中对齐"🔳和"右对齐"🔳，另外还有一个"自动对齐图层"🔳。

分布图层：如果选择了3个或3个以上的图层，单击相应的按钮可以将所选图层按一定规则进行均匀分布排列。分布方式包括"按顶分布"🔳、"垂直居中分布"🔳、"按底分布"🔳、"按左分布"🔳、"水平居中分布"🔳和"按右分布"🔳。

1.在同一个文档中移动图像

在"图层"面板中选择要移动的对象所在的图层，如图1-57所示，然后在"工具箱"中选择"移动工具"➕，接着在画布中按住鼠标左键拖曳即可移动选中的对象，如图1-58所示。

图1-57

图1-58

2.在不同的文档间移动图像

打开两个或两个以上的文档，将光标放置在画布中，然后使用"移动工具" ⊕ 将选定的图像拖曳到另外一个文档的标题栏上，如图1-59所示；停留片刻后将自动切换到目标文档，接着将图像移动到画面中，如图1-60所示；释放鼠标即可将图像拖曳到文档中，同时会生成一个新的图层，如图1-61所示。

图1-59

图1-60

图1-61

1.4.2　自由变换

命令："编辑>自由变换"菜单命令

作用：对图像进行旋转、缩放、斜切、扭曲、透视和变形操作

快捷键：Ctrl+T

在编辑图像时，可以通过执行"编辑"菜单下的"自由变换"命令或按Ctrl+T快捷键，调出自由变换框调整图像。使用此命令能够对图像进行移动、旋转、缩放、扭曲、斜切等操作，如图1-62所示。

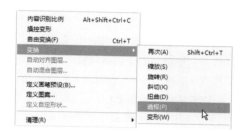

图1-62

1.缩放

命令："编辑>变换>缩放"菜单命令

作用：对图像进行缩放

使用"缩放"命令可以对图像进行缩放。图1-63所示为原图，不按任何快捷键，可以任意缩放图像，如图1-64所示；如果按住Shift键，可以等比例缩放图像，如图1-65所示；如果按住Shift+Alt组合键，可以以中心点为基准点等比例缩放图像，如图1-66所示。

图1-63

图1-64

图1-65　　　　　　　图1-66

命令："编辑>变换>扭曲"菜单命令

作用：在各个方向上伸展变换对象

使用"扭曲"命令可以在各个方向上伸展变换对象，如图1-70所示；如果按住Shift键，可以在垂直或水平方向上扭曲图像，如图1-71所示。

图1-70　　　　　　　图1-71

2.旋转

命令："编辑>变换>旋转"菜单命令

作用：围绕中心点转动对象

使用"旋转"命令可以围绕中心点转动变换对象。如果不按住任何快捷键，可以以任意角度旋转图像，如图1-67所示；如果按住Shift键，可以以15°为单位旋转图像，如图1-68所示。

图1-67　　　　　　　图1-68

3.斜切

命令："编辑>变换>斜切"菜单命令

作用：在任意方向上倾斜图像

使用"斜切"命令可以在任意方向上倾斜图像，如图1-69所示；如果按住Shift键，可以在垂直或水平方向上倾斜图像。

图1-69

5.透视

命令："编辑>变换>透视"菜单命令

作用：对图像应用透视变换

使用"透视"命令可以对变换对象应用单点透视。拖曳定界框4个角上的控制点，可以在水平或垂直方向上对图像应用透视，如图1-72和图1-73所示。

图1-72　　　　　　　图1-73

6.变形

命令："编辑>变换>变形"菜单命令

作用：对图像的局部内容进行扭曲

使用"变形"命令可以对图像的局部内容进行扭曲。执行该命令时，图像上将会出现变形网格和锚点，拖曳锚点或调整锚点的方向线可以对图像进行更加自由和灵活的变形处理，如图1-74所示。

图1-74

7.水平/垂直翻转

命令："编辑>变换>水平翻转"菜单命令
作用：将图像在水平方向上进行翻转

使用"水平翻转"命令可以将图像在水平方向上进行翻转，如图1-75所示；执行"垂直翻转"命令可以将图像在垂直方向上进行翻转，效果如图1-76所示。

图1-75

图1-76

✋ 操作练习　制作电视屏幕壁纸

» 实例位置　实例文件>CH01>操作练习：制作电视屏幕壁纸.psd
» 素材位置　素材文件>CH01>素材03.jpg、素材04.jpg
» 视频名称　操作练习：制作电视屏幕壁纸
» 技术掌握　练习缩放和扭曲操作

在做平面设计图时，经常需要用到大量的素材，而这些素材并不一定能够直接使用，而是需要做一些修改，使其适合需求。

⊙ 操作步骤

01 按Ctrl+O快捷键打开学习资源中的"素材文件>CH01>素材03.jpg"文件，如图1-77所示。

02 执行"文件>置入"菜单命令，然后在弹出的对话框中选择学习资源中的"素材文件>CH01>素材04.jpg"文件，如图1-78所示。

图1-77

图1-78

03 执行"编辑>变换>缩放"菜单命令，然后按住Shift键将照片缩小到与电视屏幕相同的大小，如图1-79所示，缩放完成后暂时不要退出变换模式。

图1-79

提示

在实际工作中，为了节省操作时间，也可以直接按Ctrl+T快捷键进入自由变换状态。

04 在画布中单击鼠标右键，然后在弹出的菜单中选择"扭曲"命令，如图1-80所示，接着分别调整4个角上的控制点，使照片的4个角刚好与电视屏幕的4个角相吻合，如图1-81所示，最后按Enter键完成变换操作，最终效果如图1-82所示。

图1-80

图1-81

图1-82

1.5 选区的创建与羽化

如果要在Photoshop中处理图像的局部效果，就需要为图像指定一个有效的编辑区域，这个区域就是选区。

1.5.1 选框工具

工具："矩形选框工具" ▣、"椭圆选框工具" ◯

作用：建立选区并编辑选区内的像素

Photoshop中提供了很多创建选区的工具，使用这些工具可以快捷地创建出规范的选区，如"矩形选框工具" ▣和"椭圆选框工具" ◯。选择"矩形选框工具" ▣，在图像上拖曳鼠标，即可创建一个选区，如图1-83所示；按住Shift键的同时，在图像上拖曳鼠标，即可创建正方形选区，如图1-84所示。"椭圆选框工具"与"矩形选框工具"的使用方法相同。

图1-83　　　　　　　　图1-84

提示

在创建完选区以后，如果要移动选区内的图像，可以按V键选择"移动工具" ▶，然后将光标放在选区内，当光标变成剪刀状 ▶时拖曳鼠标即可移动选区内的图像，如图1-85所示。

图1-85

1.5.2 套索工具

"套索工具" ◯主要用于获取不规则的图像区域，有较强手动性，可以获得比较复杂的选区。套索工具主要包含3种，即"套索工具" ◯、"多边形套索工具" ▷和"磁性套索工具" ▷。

1.套索工具

工具："套索工具" 🔘

作用：自由绘制选区

使用"套索工具"🔘可以非常自由地绘制出形状不规则的选区。选择"套索工具"🔘后，在图像上按住鼠标左键拖曳鼠标绘制选区，当松开鼠标左键时，选区将自动闭合，如图1-86和图1-87所示。

图1-86   图1-87

提示

当使用"套索工具"🔘绘制选区时，如果在绘制过程中按住Alt键，松开鼠标左键以后（不松开Alt键），Photoshop会自动切换到"多边形套索工具"🔘。

2.多边形套索工具

工具："多边形套索工具" 🔘

作用：绘制多边形选区

"多边形套索工具"🔘与"套索工具"🔘的使用方法类似。"多边形套索工具"🔘适合创建一些转角比较强烈的选区，如图1-88所示。

图1-88

提示

在使用"多边形套索工具"🔘绘制选区时按住Shift键，可以在水平方向、垂直方向或45°方向上绘制直线。另外，按Delete键可以删除最近绘制的直线。

3.磁性套索工具

工具："磁性套索工具" 🔘

作用：自动识别对象的边界绘制选区

"磁性套索工具"🔘可以自动识别对象的边界，特别适合快速选择与背景对比强烈且边缘复杂的对象。选择该工具时，其工具选项栏如图1-89所示。"宽度"可以设置捕捉像素的范围，"对比度"可以设置捕捉的灵敏度，"频率"可以设置定位点创建的频率。使用"磁性套索工具"🔘时，套索边界会自动对齐图像的边缘，如图1-90所示。当勾选完比较复杂的边界时，还可以按住Alt键切换到"多边形套索工具"，以勾选转角比较强烈的边缘。

图1-89

图1-90

1.5.3 快速选择工具和魔棒工具

自动选择工具可以通过识别图像中的颜色，快速绘制选区，包括"快速选择工具"🔘和"魔棒工具"🔘。

1.快速选择工具

工具："快速选择工具" 🔘

作用：通过调节画笔大小来选择区域

使用"快速选择工具"🔘可以利用可调整的圆形笔尖迅速地绘制出选区，其选项栏如图1-91所示。当拖曳笔尖时，选取范围不但会向外扩张，而且还可以自动寻找并沿着图像的边缘来描绘边界。

图1-91

快速选择工具常用选项介绍

新选区☑：选择该按钮，可以创建一个新的选区。

添加到选区☑：选择该按钮，可以在原有选区的基础上添加新的选区。

从选区减去☑：选择该按钮，可以在原有选区的基础上减去当前绘制的选区。

画笔选择器：单击■按钮，可以在弹出的"画笔选择器"中设置画笔的大小、硬度、间距、角度和圆度，如图1-92所示。在绘制选区的过程中，可以按] 键和 [键增大或减小画笔的大小。

图1-92

2.魔棒工具

工具："磁性套索工具"☑

作用：通过调节容差值来选择区域

"魔棒工具"☑是一种比较智能化的选区工具，使用"魔棒工具"☑能在一些背景较为单一的图像中快速创建图像选区，在实际工作中的使用频率相当高，其工具栏如图1-93所示。

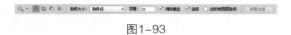

图1-93

在魔棒工具选项中，"容差"是影响魔棒工具性能的重要选项，其取值范围为0~255。数值越低，对像素的相似程度的要求越高，所选的颜色范围就越小，图1-94所示为"容差"为10时的选区效果；数值越高，对像素的相似程度的要求越低，所选的颜色范围就越广，图1-95所示为80时的选区效果。

图1-94   图1-95

1.5.4 羽化选区

命令："选择>修改>羽化"菜单命令

作用：通过建立选区和选区周围像素之间的转换边界来模糊边缘

快捷键：Shift+F6

羽化选区是通过建立选区和选区周围像素之间的转换来柔化边缘，羽化半径的大小决定了羽化效果的强弱。先使用"多边形套索工具"☑或其他选区工具创建选区，然后执行"选择>修改>羽化"菜单命令或按Shift+F6快捷键，在弹出的"羽化选区"对话框中定义选区的"羽化半径"，如图1-96所示，接着按Ctrl+J快捷键复制出选区内的图像，羽化后的效果如图1-97所示。

图1-96   图1-97

提示

如果选区较小，而"羽化半径"又设置得很大，Photoshop会弹出一个警告对话框，如图1-98所示。单击"确定"按钮▭后，表示应用当前设置的羽化半径，此时选区可能会变得非常模糊，以至于在画面中观察不到，但是选区仍然存在。

图1-98

» 实例位置　实例文件>CH01>操作练习：制作一张简单海报
» 素材位置　素材文件>CH01>素材05.jpg、素材06.jpg、素材07.png
» 视频名称　操作练习：制作一张简单海报
» 技术掌握　魔棒工具和羽化选区的用法

本例主要练习使用"魔棒工具"和"羽化"命令来抠出人物图像，并将其移至背景图像。

⊙ 操作步骤

01 打开学习资源中的"素材文件>CH01>素材05.jpg"文件，如图1-99所示。

图1-99

02 打开学习资源中的"素材文件>CH01>素材06.jpg"文件，然后在"工具箱"中选择"魔棒工具"，设置"容差"为10；接着在照片的白色背景处单击鼠标，选中背景区域，如图1-100所示；再按Delete键删除，效果如图1-101所示。

图1-100

图1-101

03 将抠出的人物素材拖曳到背景文件中，然后按住Ctrl键的同时单击图层缩略图载入人像选区，如图1-102所示；接着执行"选择>修改>羽化"菜单命令，设置"羽化半径"为3像素，如图1-103所示；单击确定后再按Ctrl+J快捷键复制图层，效果如图1-104所示。

图1-102

图1-103

图1-104

04 打开学习资源中的"素材文件>CH01>素材07.png"文件，将图像拖曳到画布中，放置在合适的位置，如图1-105所示。

图1-105

1.6 绘画与图像修饰

使用Photoshop的绘制工具不仅能够绘制插画，还能轻松地对带有缺陷的照片进行美化处理。Photoshop中常用的绘制工具和修饰工具包括"画笔工具" ✎、"污点修复画笔工具" ✎、"修复画笔工具" ✎、"修补工具" ◉、"内容感知移动工具" ✖和"红眼工具" ✚等。

1.6.1 画笔工具

工具："画笔工具" ✎

作用：用前景色在需要的区域自由绘制

使用"画笔工具" ✎可以用前景色绘制出各种线条，同时也可以利用它来修改通道和蒙版，是使用频率较高的工具，其选项栏如图1-106所示。

图1-106

画笔工具选项介绍

画笔预设选取器：单击 ⊡图标，可以打开"画笔预设选取器"，在这里面可以选择笔尖、设置画笔的"大小"和"硬度"。

切换画笔面板：单击该按钮，可以打开"画笔"面板。

模式：设置绘画颜色与现有像素的混合方法，图1-107和图1-108所示分别是使用"正常"模式和"溶解"模式绘制的笔迹效果。

图1-107

图1-108

不透明度：设置画笔绘制出来的颜色的不透明度。数值越大，笔迹的不透明度越高，图1-109所示是"不透明度"值为100%时绘制的效果；数值越小，笔迹的不透明度越低，图1-110所示是"不透明度"值为60%时绘制的效果。

图1-109   图1-110

流量：设置当光标移到某个区域上方时应用颜色的速率。在某个区域上方进行绘画时，如果一直按住鼠标左键，颜色量将根据流动速率增大，直至达到"不透明度"设置。例如，如果将"不透明度"和"流量"都设置为10%，则每次移到某个区域上方时，其颜色会以10%的比例接近画笔颜色；除非释放鼠标左键并再次在该区域上方绘画，否则总量将不会超过10%的"不透明度"。

启用喷枪样式的建立效果 ✎：激活该按钮后，可以启用"喷枪"功能，Photoshop会根据鼠标左键的单击程度来确定画笔笔迹的填充数量。例如，关闭"喷枪"功能时，每单击一次会绘制一个笔迹，如图1-111所示；而启用"喷枪"功能后，按住鼠标左键不放，即可持续绘制笔迹，如图1-112所示。

图1-111   图1-112

在认识其他绘制工具及修饰工具之前，首先需要了解"画笔"面板。"画笔"面板是非常重要的面板，它可以设置绘画工具、修饰工具的笔刷种类、画笔大小和硬度等属性。

打开"画笔"面板的方法主要有以下4种。

第1种：在"工具箱"中选择"画笔工具"，然后在其工具选项栏中单击"切换画笔面板"按钮。

第2种：执行"窗口>画笔"菜单命令。

第3种：直接按F5键。

第4种：在"画笔预设"面板中单击"切换画笔面板"按钮。

打开的"画笔"面板如图1-113所示。

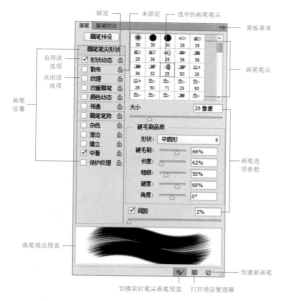

图1-113

画笔面板选项介绍

画笔预设 画笔预设 ：单击该按钮，可以打开"画笔预设"面板。

画笔设置：单击这些画笔设置选项，可以切换到与该选项相对应的面板。

启用/关闭选项：处于勾选状态的选项代表启用状态；处于未勾选状态的选项代表关闭状态。

锁定 🔒/未锁定 🔓：🔒图标代表该选项处于锁定状态；🔓图标代表该选项处于未锁定状态。锁定与解锁操作可以相互切换。

选中的画笔笔尖：显示处于选中状态的画笔笔尖。

画笔笔尖：显示Photoshop提供的预设画笔笔尖。

面板菜单：单击▤图标，可以打开"画笔"面板的菜单。

画笔选项参数：用来设置画笔的相关参数。

画笔描边预览：选择一个画笔后，可以在预览框中预览该画笔的外观形状。

切换实时笔尖画笔预览 🖌️：使用毛刷笔尖时，在画布中实时显示笔尖的形状。

打开预设管理器 🖿：单击该按钮可以打开"预设管理器"对话框。

创建新画笔 🖹：将当前设置的画笔保存为一个新的预设画笔。

1.6.2 图像修复工具

通常情况下，拍摄的数码照片或多或少都会存在缺陷，使用Photoshop的图像修复工具可以轻松地修复带有缺陷的照片。修复工具包括"污点修复画笔工具" 🖌️、"修复画笔工具" 🖌️、"修补工具" 🩹、"红眼工具" 👁️ 和"仿制图章工具" 🖲️ 等。

1.污点修复画笔工具

工具："污点修复画笔工具" 🖌️

作用：自动从所修饰区域的周围取样进行修复

"污点修复画笔工具" 🖌️ 不需要设置取样点，因为它可以自动从所修饰区域的周围进行取样，将需要修复区域与图像自身进行匹配，快速修复污点，其选项栏如图1-114所示。打开需要修复的图像，选择"污点修复画笔工具" 🖌️，设置合适的画笔大小，在图像中单击有瑕疵的地方，如图1-115所示，修复后的效果如图1-116所示。

图1-114

图1-115

图1-116

2.修复画笔工具

工具: "修复画笔工具" 🖊

作用: 自定义源点修复图像

"修复画笔工具" 🖊可以校正图像的瑕疵,也可以用图像中的像素作为样本进行绘制,将样本像素的纹理、光照、透明度和阴影与所修复的像素进行匹配,从而使修复后的像素不留痕迹地融入图像的其他部分,其选项栏如图1-117所示。

图1-117

修复画笔工具选项介绍

源: 设置用于修复像素的源。选择"取样"选项时,可以使用当前图像的像素来修复图像;选择"图案"选项时,可以使用某个图案作为取样点。

对齐: 勾选该选项后,可以连续对像素进行取样,即使释放鼠标也不会丢失当前的取样点;关闭"对齐"选项后,则会在每次停止并重新开始绘制时使用初始取样点中的样本像素。

选择需要修复的图像,选择"修复画笔工具" 🖊;然后按住Alt键的同时在图像干净皮肤位置单击鼠标进行取样,如图1-118所示;接着单击需要修复的瑕疵部分,如图1-119所示;进行多次取样修复的操作,效果如图1-120所示。

图1-118   图1-119

图1-120

3.修补工具

工具: "修补工具" 🌀

作用: 用图像中的其他区域修补画面

"修补工具" 🌀可以用图像中的其他区域修补图像中不理想的区域,也可以使用图案来修补,其选项栏如图1-121所示。

图1-121

打开需要修补的图像,选择"修补工具" 🌀,将图像中需要修补的部分框入选区,如图1-122所示,然后将选区移动到干净的区域,如图1-123所示;重复操作直至图像完全干净,效果如图1-124所示。

图1-122

图1-123

图1-124

4.红眼工具

工具："红眼工具" 📷

作用：修复由于闪光灯导致的红眼

使用"红眼工具" 📷 可以快速修复人物照片中由于闪光灯导致的红眼。打开一幅需要修复的图像，如图1-125所示，选择"红眼工具" 📷，然后在人物红眼区域单击鼠标，效果如图1-126所示。

图1-125   图1-126

1.6.3 仿制图章工具

工具："仿制图章工具" 🔳

作用：将图像的一部分绘制到同一图像的另一个位置上

"仿制图章工具" 🔳 和"修复画笔工具" ✏️ 的使用方法类似，可以将图像的一部分绘制到图像的另一个位置上，或绘制到具有相同颜色模式的其他打开的文档中，当然也可以将一个图层的一部分绘制到另一个图层上。"仿制图章工具" 🔳 对于复制对象或修复图像中的缺陷非常有用，其选项栏如图1-127所示。

图1-127

仿制图章工具选项介绍

切换仿制源面板🔳：打开或关闭"仿制源"面板。

对齐：勾选该选项后，可以连续对像素进行取样，即使释放鼠标，也不会丢失当前的取样点。

> **提示**
> 如果关闭"对齐"选项，则会在每次停止并重新开始绘制时使用初始取样点中的样本像素。

样本：从指定的图层中进行数据取样。

1.6.4 橡皮擦工具

工具："橡皮擦工具" 🖌️

作用：擦除图像

使用"橡皮擦工具" 🖌️ 可以将像素更改为背景色或透明，其选项栏如图1-128所示。如果使用该工具在"背景"图层或锁定了透明像素的图层中进行擦除，则擦除的像素将变成背景色，如图1-129所示；如果在普通图层中进行擦除，则擦除的像素将变成透明，如图1-130所示。

图1-128

图1-129

图1-130

1.6.5 渐变工具

工具："渐变工具" 🔳

作用：创建多种颜色渐变

使用"渐变工具" 🔳 可以在整个文档或选区

内填充渐变色，并且可以创建多种颜色的混合效果，其选项栏如图1-131所示。"渐变工具"  的应用非常广泛，它不仅可以填充图像，还可以用来填充图层蒙版、快速蒙版和通道等。

图1-131

渐变工具选项介绍

点按可编辑渐变 : 显示了当前的渐变颜色，单击右侧的 ![] 图标，可以打开"渐变"拾色器，如图1-132所示。如果直接单击"点按可编辑渐变"按钮 ![]，则会弹出"渐变编辑器"对话框，在该对话框中可以编辑渐变颜色，或者保存渐变等，如图1-133所示。

图1-132

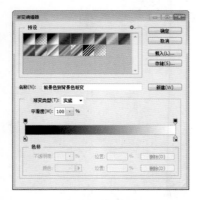

图1-133

渐变类型：激活"线性渐变"按钮 ![]，可以以直线方式创建从起点到终点的渐变，如图1-134所示；激活"径向渐变"按钮 ![]，可以以圆形方式创建从起点到终点的渐变，如图1-135所示；激活"角度渐变"按钮 ![]，可以创建围绕起点以逆时针扫描方式的渐变，如图1-136所示；激活"对称渐变"按钮 ![]，可以使用均衡

的线性渐变在起点的任意一侧创建渐变，如图1-137所示；激活"菱形渐变"按钮 ![]，可以以菱形方式从起点向外产生渐变，终点定义菱形的一个角，如图1-138所示。

图1-134

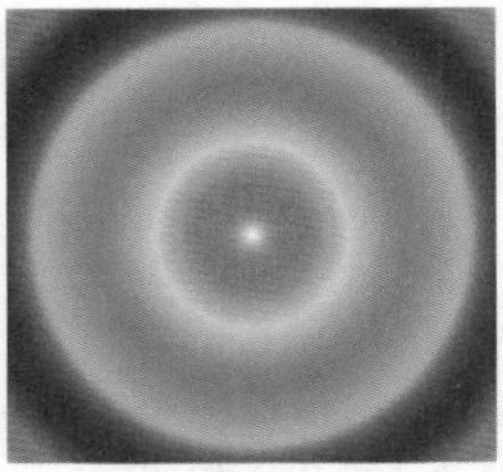

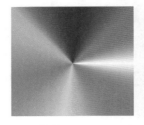

图1-135

图1-136

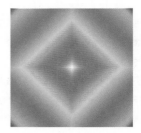

图1-137

图1-138

模式：用来设置应用渐变时的混合模式。

不透明度：用来设置渐变效果的不透明度。

反向：可转换渐变条中的颜色顺序，得到反向的渐变效果。

仿色：勾选该选项时，可以使渐变效果更加平滑。主要用于防止打印时出现条带化现象，但在计算机屏幕上并不能明显地体现出来。

透明区域：勾选该项，可创建透明渐变；取消勾选只能创建实色渐变。

1.6.6 减淡工具和加深工具

工具："减淡工具" ![] 和"加深工具" ![]

作用：对图像进行减淡/加深处理

使用"减淡工具"  和"加深工具" 可以对图像局部的明暗进行处理。

1.减淡工具

使用"减淡工具" 可以对图像进行减淡处理，通过提高图像的亮度来校正曝光度，其选项栏如图1-139所示。在某个区域上方绘制的次数越多，该区域就会变得越亮。图1-140所示为原图，使用"减淡工具" 进行涂抹后，效果如图1-141所示。

图1-139

图1-140   图1-141

2.加深工具

"加深工具" 和"减淡工具" 原理相同，但效果相反，它可以降低图像的亮度，通过压暗来校正图像的曝光度，其选项栏如图1-142所示。在某个区域上方绘制的次数越多，该区域就会变得越暗。

图1-142

👆 操作练习   美化人物皮肤

» **实例位置** 实例文件>CH01>操作练习：美化人物皮肤.psd
» **素材位置** 素材文件>CH01>素材08.jpg
» **视频名称** 操作练习：美化人物皮肤
» **技术掌握** 修复画笔工具和减淡工具的操作

自然拍摄出来的照片，人物脸部皮肤通常比较粗糙，所以需要使用一些简单的工具进行美化。

⊙ **操作步骤**

`01` 打开学习资源中的"素材文件>CH01>素材08.jpg"文件，如图1-143所示，然后按Ctrl+J快捷键复制一个图层，接着选择"污点修复画笔工具"，在人物面部斑点的部分单击鼠标，效果如图1-144所示。

图1-143   图1-144

`02` 单击"磁性套索工具"，然后在人物皮肤处多次单击鼠标载入除五官外的皮肤选区，如图1-145所示；接着执行"选择>修改>羽化"菜单命令，设置"羽化半径"为4像素，再执行"滤镜>模糊>表面模糊"命令，打开"表面模糊"对话框，参数设置如图1-146所示，单击"确定"按钮并取消选区后，得到的效果如图1-147所示。

 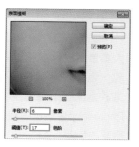

图1-145   图1-146

图1-147

提示

使用"表面模糊"可以让皮肤显得更加光滑细腻，但是"半径"数值不宜设置过大，否则会失去皮肤质感。

03 人物的皮肤比较暗淡，单击"减淡工具" 🔍 在人物的脸部涂抹，提亮色调，效果如图1-148所示。

04 单击"海绵工具" 🧽，在人物嘴唇上涂抹增强色彩饱和度，最终效果如图1-149所示。

一张图像，如图1-150所示；然后执行"图像>调整>色阶"菜单命令或按Ctrl+L快捷键，打开"色阶"对话框，如图1-151所示；移动滑块来增强明暗对比度，效果如图1-152所示。

图1-148

图1-149

> **提示**
> 海绵工具可以精确地改变图像局部的色彩饱和度，可选择减少饱和度（去色）或增加饱和度（加色）。流量越大效果越明显，开启喷枪方式可在一处持续产生效果。注意，如果在灰度模式的图像（不是RGB模式中的灰度）中操作，将会产生增加或减少灰度对比度的效果。

图1-150

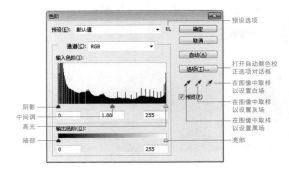
图1-151

1.7 调色

现代平面广告设计由色彩、图形和文案三大要素组成，图形和文案也都离不开色彩的表现。色彩在平面广告中有着特殊的诉求力，某种意义上，它是第一位的。本节主要介绍Photoshop中调色的相关命令以及如何调出吸引眼球的色调。

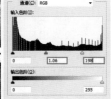
图1-152

1.7.1 色阶

命令："图像>调整>色阶"菜单命令
作用：调整图像的阴影、中间调和高光
快捷键：Ctrl+L

"色阶"命令是一个非常强大的颜色与色调调整命令，它可以对图像的阴影、中间调和高光强度级别进行调整，从而校正图像的色调范围和色彩平衡。另外，通过"色阶"命令还可以分别对各个通道进行调整，以校正图像的色彩。打开

1.7.2 曲线

命令："图像>调整>曲线"菜单命令
作用：对图像的色调进行精确的调整
快捷键：Ctrl+M

"曲线"命令是极其重要且强大的调整命令，也是实际工作中使用频率很高的调整命令。它具备了"亮度/对比度""阈值"和"色阶"等命令的功能。通过调整曲线的形状，可以对图像的色调进行非常精确的调整。打开一张图像，

如图1-153所示；执行"曲线>调整>曲线"菜单命令或按Ctrl+M快捷键，打开"曲线"对话框，如图1-154所示；拖曳曲线进行调整，效果如图1-155所示。

图1-153

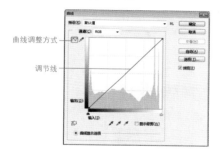

曲线调整方式

调节线

图1-154

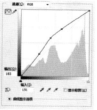

图1-155

1.7.3 色相/饱和度

命令："图像>调整>色相/饱和度"菜单命令
作用：调整图像的色相、饱和度和明度
快捷键：Ctrl+U

使用"色相/饱和度"命令可以调整整个图像或选区内图像的色相、饱和度和明度，同时也可以对单个通道进行调整，该命令也是实际工作中使用频率很高的调整命令。打开一张图像，如图1-156所示；执行"图像>调整>色相/饱和度"菜单命令或按Ctrl+U快捷键，打开"色相/饱和度"对话框，如图1-157所示；调整各项参数，效果如图1-158所示。

图1-156

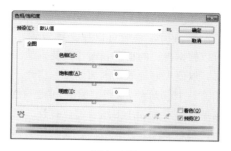

图1-157

图1-158

色相/饱和度命令选项介绍

全图：选择全图时，色彩调整针对整个图像的色彩。也可以为要调整的颜色选取一个预设颜色范围。

色相：调整图像的色彩倾向。拖动滑块或直接在对应的文本框中输入对应数值进行调整。

饱和度：调整图像中像素的颜色饱和度，数值越高颜色越浓，反之颜色越淡。

明度： 调整图像中像素的明暗程度，数值越高图像越亮，反之图像越暗。

着色： 勾选时，可以消除图像中的黑白或彩色元素，从而转变为单色调。

1.7.4 色彩平衡

命令： "图像>调整>色彩平衡"菜单命令

作用： 控制图像的颜色分布，使图像整体达到色彩平衡

快捷键： Ctrl+B

"色彩平衡"命令可以校正图像偏色，用户也可以根据自己的喜好和制作需要，调制需要的色彩，以便更好地表现画面效果。打开一张图像，如图1-159所示；执行"图像>调整>色彩平衡"菜单命令或按Ctrl+B组合键，打开"色彩平衡"对话框，如图1-160所示；调整各项参数使画面偏暖色调，效果如图1-161所示。

图1-159   图1-160

图1-161

1.7.5 照片滤镜

命令： "图像>调整>照片滤镜"菜单命令

作用： 实现图像的各种特殊效果

使用"照片滤镜"命令可以模仿在相机镜头前面添加彩色滤镜的效果，以调整通过镜头传输的光的色彩平衡、色温和胶片曝光。"照片滤镜"允许选取一种颜色将色相调整应用到图像中。

打开一张图像，如图1-162所示，执行"图像>调整>照片滤镜"菜单命令，打开"照片滤镜"对话框，如图1-163所示。在"滤镜"下拉列表中可以选择一种预设的效果应用到图像中，如图1-164所示；如果要自己设置滤镜的颜色，可以选择"颜色"选项，然后重新选择颜色。

图1-162   图1-163

图1-164

提示

在"照片滤镜"对话框中，如果对参数的设置不满意，可以按住Alt键，此时"取消"按钮 取消 将变成"复位"按钮 复位 ，单击该按钮可以将参数设置恢复到默认值，如图1-165所示。

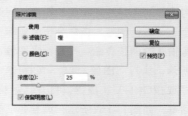

图1-165

» 实例位置 实例文件>CH01>操作练习：调出唯美粉嫩色调.psd
» 素材位置 素材文件>CH01>素材09.jpg
» 视频名称 操作练习：调出唯美粉嫩色调
» 技术掌握 色彩平衡、色阶和曲线的操作

本案例想要达到一个偏粉的效果，颜色对比度较低，使用色阶、曲线等命令能够达到这样的效果。在实际工作中，经常需要根据客户要求或产品性质，将画面营造出不同色彩氛围。通过本例的学习，读者可以举一反三，调出任意一种想要的色调。

⊙ 操作步骤

01 打开学习资源中的"素材文件>CH01>素材09.jpg"文件，如图1-166所示。

图1-166

02 由于图像颜色整体偏黄，因此可以使用"色彩平衡"命令减少画面中的黄色。在图层面板下方单击"创建新的填充或调整图层"按钮添加一个"色彩平衡"调整图层，然后在"属性"面板中设置"青色-红色"为22、"洋红-绿色"为10、"黄色-蓝色"为71，效果如图1-167所示。

图1-167

03 为了让画面更加通透明亮，这里用"色阶"

命令进行调整。创建一个"色阶"调整图层，然后在"属性"面板中设置"输入色阶"为（0，2.9，255），如图1-168所示。

图1-168

04 由于人像背景比较杂乱，因此可以使用"仿制图章工具"🅰️把高跟鞋和人像身后的部分静物涂抹掉，如图1-169所示。

图1-169

05 创建一个"曲线"调整图层，然后在"属性"面板中将曲线调节成图1-170所示的效果，接着使用黑色"画笔工具"🖌️在调整图层的蒙版上涂抹人像以外的区域，效果如图1-171所示。

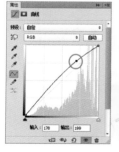

图1-170

图1-171

提示

此步的主要目的是提亮人物，所以背景区域应保留原有的明暗效果，这里用蒙版将此步骤的提亮效果隐藏。关于"蒙版"的内容，将在"1.9 蒙版与通道"中进行详细讲解。

06 创建一个"可选颜色"调整图层，然后在"属性"面板中设置"颜色"为"白色"，接着设置"洋红"为3%、"黄色"为6%，最后使用黑色"画笔工具" 在调整图层的蒙版中涂去人像区域，效果如图1-172所示。

图1-172

07 单击"海绵工具" ，然后在人物嘴唇上涂抹，提高饱和度，最终效果如图1-173所示。

图1-173

1.8 文字与路径

文字在图像中占有非常重要的地位，它不仅可以传达作品的相关信息，还可以起到美化版面、强化主体的作用。Photoshop中的文字由基于矢量的文字轮廓组成，这些形状可以用于表现字母、数字和符号，同时与路径相结合，能够绘制出极具创意的文字效果。

1.8.1 文字工具

Photoshop提供了两种输入文字的工具，分别是"横排文字工具" T 和"直排文字工具" IT 。"横排文字工具" T 可以用来输入横向排列的文字，"直排文字工具" IT 可以用来输入竖向排列的文字。

下面以"横排文字工具" T 为例来讲解文字工具的参数选项。在"横排文字工具" T 的选项栏中可以设置字体的系列、样式、大小、颜色和对齐方式等，如图1-174所示。

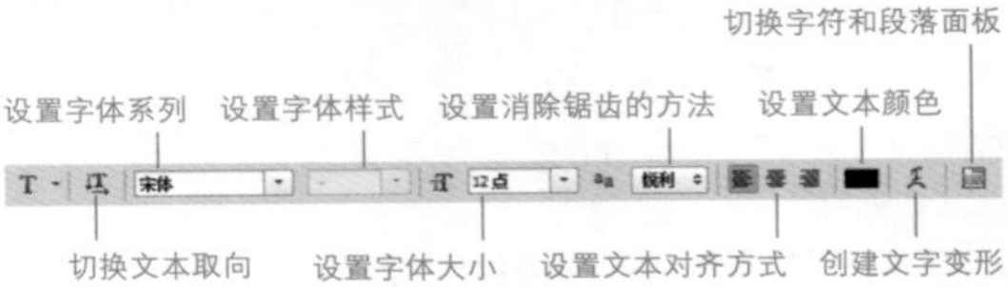

设置字体系列　设置字体样式　设置消除锯齿的方法　设置文本颜色　切换字符和段落面板

切换文本取向　设置字体大小　设置文本对齐方式　创建文字变形

图1-174

横排文字工具选项介绍

切换文本取向 ：如果当前文字是使用"横排文字工具" T 输入的，如图1-175所示，选中文本以后，在选项栏中单击"切换文本取向"按钮 ，可以将横向排列的文字更改为竖向排列的文字，如图1-176所示。

Photoshop CS6

图1-175

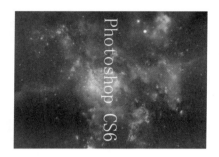

图1-176

设置字体系列：在文档中输入文字以后，如果要更改其字体，可以在文档中选择文本，如图1-177所示，然后在选项栏中单击"设置字体系列"下拉列表，接着选择想要的字体即可，如图1-178和图1-179所示。

图1-177

图1-178

图1-179

图1-180

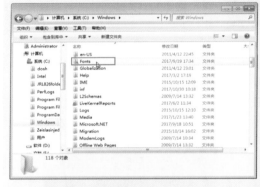

图1-181

第2步：打开Fonts文件夹，然后选择想要安装的字体，接着按Ctrl+C快捷键复制字体，最后按Ctrl+V快捷键将其粘贴到Fonts文件夹中。在安装字体时，系统会弹出一个"正在安装字体"的进度对话框，如图1-182所示。

图1-182

安装好字体并重新启动Photoshop后，就可以在选项栏中的"设置字体系列"下拉列表中查找到安装的字体。注意，系统中安装的字体越多，使用文字工具处理文字的运行速度就越慢。

设置字体样式：输入英文后，可以在选项栏中设置字体的样式，包含Regular（规则）、Italic（斜体）、Bold（粗体）和Bold Italic（粗斜体），如图1-183所示。

设置字体大小：输入文字后，如果要更改字体的大小，可以直接在选项栏中输入数值，也可以在下拉列表中选择预设的字体大小，如图1-184所示。

设置消除锯齿的方法：输入文字后，可以在选项栏中为文字指定一种消除锯齿的方式，如图1-185所示。

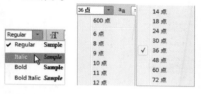

图1-183　　　　图1-184　　　　图1-185

设置文本对齐方式：在文字工具的选项栏中提供了3种设置文本段落对齐方式的按钮。选择文本后，单击需要的对齐按钮，就可以使文本按指定的方式对齐。

设置文本颜色：输入文本时，文本颜色默认为前景色。如果要修改文字颜色，可以先在文档中选择文本，然后打开"拾色器"对话框，设置需要的颜色。图1-186所示是红色文字，图1-187所示是将红色更改为黑色后的效果。

图1-186

图1-187

创建文字变形：单击该按钮，可以打开"变形文字"对话框，在该对话框中可以选择文字变形的方式。

切换字符和段落面板：单击该按钮，可以打开"字符"面板和"段落"面板。

1.8.2　钢笔工具

使用Photoshop中的"钢笔工具"可以绘制出很多图形，该工具包含"形状""路径"和"像素"3种绘图模式，如图1-188所示。在绘图前，首先要在工具选项栏中选择一种绘图模式，然后才能进行绘制。

图1-188

形状：在选项栏中选择"形状"绘图模式，可以在单独的一个形状图层中创建形状图形，并且保留在"路径"面板中，如图1-189所示。

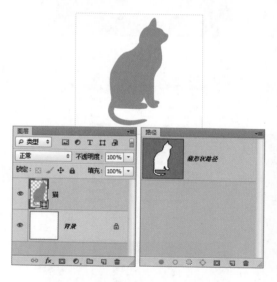

图1-189

路径：在选项栏中选择"路径"绘图模式，可以创建工作路径。工作路径不会出现在"图层"面板中，只出现在"路径"面板中，如图1-190所示。路径可以转换为选区或用来创建矢量蒙版，当然也可以对其进行描边或填充。

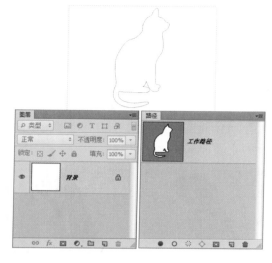

图1-190

像素：在选项栏中选择"像素"绘图模式，可以在当前图像上创建出位图图像，如图1-191所示。这种绘图模式不能创建矢量图像，因此在"路径"面板也不会出现路径。

图1-191

打开一张素材图片，单击"钢笔工具" 🖋️，然后在选项栏中选择"路径"绘图模式，接着在图像中单击鼠标并拖曳光标创建一个平滑点，再将光标放在下一个位置，单击并拖曳光标创建第2个平滑点，注意要控制好曲线的走向，如图1-192所示；绘制出整个海角星的形状，如图

1-193所示；最后按Ctrl+Enter快捷键将路径转化为选区，复制出选区内的图像，如图1-194所示。

图1-192

图1-193

图1-194

👆 **操作练习** 制作时尚杂志封面

- » 实例位置　实例文件>CH01>操作练习：制作时尚杂志封面.psd
- » 素材位置　素材文件>CH01>素材10.png、素材11.png
- » 视频名称　操作练习：制作时尚杂志封面
- » 技术掌握　文字工具和钢笔工具的使用方法

制作该杂志封面需要选择一张处理好的人物照片，然后输入文字信息，设置不同的字体并确保画面颜色丰富。

⊙ **操作步骤**

01 打开学习资源中的"素材文件>CH01>素材10.png"文件，如图1-195所示。

02 单击"横排文字工具" T ，然后设置前景色为白色，在图像中输入文字内容，接着在字符面板中调整字距，如图1-196所示。

图1-195

图1-196

03 为文字图层添加图层蒙版，然后使用画笔对人物遮挡住的地方进行擦除，接着使用"横排文字工具" T 输入文字，并分别设置合适的颜色，效果如图1-197所示。

图1-197

04 使用"横排文字工具" T 继续输入文字，并分别设置合适的颜色，接着使用"矩形选框工具" □ 绘制选区，填充合适的渐变色，为文字添加渐变背景，如图1-198所示。

05 导入学习资源中的"素材文件>CH01>素材11.png"文件，然后将蝴蝶素材拖曳到文件中合适的位置，设置图层"填充"为70%，如图1-199所示。

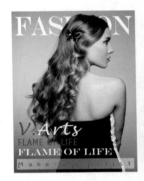

图1-198　　　　　　　图1-199

06 使用"钢笔工具" ✐ 绘制出蝴蝶形状的路径，如图1-200所示；然后按Ctrl+Enter快捷键将路径转化为选区，接着适当羽化选区，使其边缘更加自然；最后设置前景色（R:157，G:157，B:157），按Alt+D快捷键填充选区，并将图层移动到素材图下方，效果如图1-201所示。

图1-200　　　　　　　图1-201

07 选中绘制好的蝴蝶，然后设置图层"混合模式"为正片叠底、"填充"为30%，最终效果如图1-202所示。

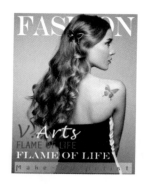

图1-202

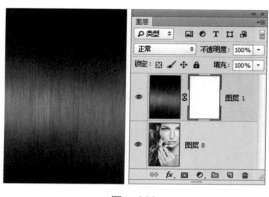

图1-203

1.9 蒙版与通道

在Photoshop中处理图像时，常常需要隐藏不需要的图像，蒙版就是这样一种可以隐藏图像的工具。蒙版就像一块布，可以遮盖住处理区域中的一部分或全部，当用户对处理区域内进行模糊、上色等操作时，被蒙版遮盖起来的部分就不会受到影响。而通道多用于抠取复杂图像，蒙版与通道结合使用，能够绘制出完美的画面。

1.9.1 图层蒙版

图层蒙版可以用来隐藏、合成图像等。在创建调整图层、填充图层以及为智能对象添加智能滤镜时，Photoshop会自动为图层添加一个图层蒙版。我们可以在图层蒙版中对调色范围、填充范围及滤镜应用区域进行调整。在Photoshop中，图层蒙版遵循"黑透、白不透"的工作原理。

1.图层蒙版的工作原理

打开一个文档，如图1-203所示。该文档中包含两个图层，即"背景"图层（图层0）和"图层1"，其中"图层1"有一个图层蒙版，并且图层蒙版为白色。按照图层蒙版"黑透、白不透"的工作原理，此时文档窗口中将完全显示"图层1"的内容。

如果要全部显示"图层0"的内容，可以选择"图层1"的蒙版，然后用黑色填充蒙版，如图1-204所示。

如果想以半透明方式来显示当前图像，可以

图1-204

用灰色填充"图层1"的蒙版，如图1-205所示。

图1-205

> **提示**
>
> 除了可以在图层蒙版中填充颜色以外，还可以在图层蒙版中填充渐变，如图1-206所示；也可以使用画笔工具来编辑蒙版，如图1-207所示。

图1-206

图1-207

2.创建图层蒙版

创建图层蒙版的方法有很多种，既可以直接在"图层"面板中进行创建，也可以从选区或图像中生成，下面介绍两种常用的创建图层蒙版的方法。

第1种：选择要添加图层蒙版的图层，然后在"图层"面板下单击"添加图层蒙版"按钮 ◻，如图1-208所示，可以为当前图层添加一个图层蒙版，如图1-209所示。

图1-208   图1-209

第2种：如果当前图像中存在选区，如图1-210所示，单击"图层"面板下的"添加图层蒙版"按钮 ◻，可以基于当前选区为图层添加图层蒙版，选区以外的图像将被蒙版隐藏，如图1-211所示。

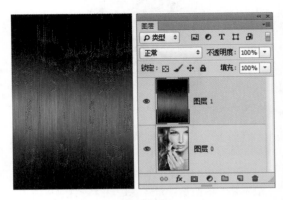

图1-210

图1-211

> **提示**
>
> 创建选区蒙版后，我们可以在"属性"面板中调整"羽化"数值，以模糊蒙版，制作出朦胧的效果。

1.9.2 剪贴蒙版

剪贴蒙版技术非常重要，它可以用一个图层中的图像来控制处于它上层的图像的显示范围，并且可以针对多个图像。另外，可以为一个或多个调整图层创建剪贴蒙版，使其只针对一个图层进行调整。

打开一个文档，如图1-212所示。这个文档中包含3个图层，一个"图层0"、一个"图层1"和一个"女孩"图层。下面就以这个文档为例来讲解创建剪贴蒙版的3种常用方法。

图1-212

第1种：选择"女孩"图层，然后执行"图层>创建剪贴蒙版"菜单命令或按Alt+Ctrl+G快捷键，可以将"女孩"图层和"图层1"创建为一个剪贴蒙版组。创建剪贴蒙版后，"女孩"图层就只显示"图层1"图层的区域，如图1-213所示。

图1-213

提示

注意，剪贴蒙版虽然可以应用在多个图层中，但是这些图层不能是隔开的，必须是相邻的。

第2种：在"女孩"图层的名称上单击鼠标右键，然后在弹出的菜单中选择"创建剪贴蒙版"命令，如图1-214所示，即可将"女孩"图层和"图层1"图层创建为一个剪贴蒙版组，如图1-215所示。

图1-214　　　　　图1-215

第3种：先按住Alt键，然后将光标放在"女孩"图层和"图层1"之间的分隔线上，待光标变成 ⌐□ 状时单击鼠标，如图1-216所示，这样也可以将"女孩"图层和"图层1"创建为一个剪贴蒙版组，如图1-217所示。

图1-216　　　　　图1-217

1.9.3 用通道抠图

使用通道抠取图像是一种非常主流的抠图方法，常用于抠选毛发、云朵、烟雾以及半透明的婚纱等。通道抠图主要是利用图像的色相差别或明度差别来创建选区，在操作过程中可以多次重复使用"亮度/对比度""曲线""色阶"等调整命令，以及画笔、加深、减淡等工具对通道进行调整，以得到精确的选区。

如图1-218所示，需要将图像中的沙粒运用通道抠出来，切换到通道面板，可以观察到红通道的主体物与背景的明暗对比最强，复制出一个红通道副本，如图1-219所示；然后按Ctrl+I快捷键反相，同时调整色阶，使其明暗对比更加明显，如图1-220所示。

图1-218

图1-219

图1-220

将要抠出的沙粒的部分涂抹成白色，如图1-221所示；然后载入选区，接着切换到RGB模式，按Ctrl+J快捷键复制出选区内的内容，效果如图1-222所示。这样就完美地抠出了需要的图像。

图1-221

图1-222

抠取边缘比较复杂的图像时，运用通道可以完美地抠出图像；添加剪贴蒙版可以在不更改图像信息的情况下绘制图像。

⊙ 操作步骤

01 打开学习资源中的"素材文件>CH01>素材12.jpg"文件，如图1-223所示。

图1-223

02 打开学习资源中的"素材文件>CH01>素材13.jpg"文件，如图1-224所示。

图1-224

03 打开通道面板，复制出一个蓝拷贝通道，然后按Ctrl+I快捷键反相，如图1-225所示。

图1-225

04 按Ctrl+L快捷键调整色阶，使其明暗对比更加明显，如图1-226所示；然后使用"画笔工具" ✒ 将树干部分涂抹成白色，接着在通道面板单击"将通道载入选区"按钮 ⚙ 将图像载入选区，如图1-227所示；再切换到RGB模式，按Ctrl+J快捷键复制选区内的图像，效果如图1-228所示。

图1-226

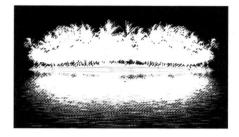

图1-227

图1-228

05 将抠出的素材拖曳到合适的位置，如图1-229所示，然后打开学习资源中的"素材文件>CH01>素材14.psd"，将素材拖曳到合适的位置，如图1-230所示。

图1-229　　　　　图1-230

06 使用"横排文字工具" $\boxed{T}$ 输入主题文字，如图1-231所示，然后执行"图层>图层样式>渐变叠加"菜单命令，添加"渐变叠加"效果，添加"外发光"效果，参数设置如图1-232所示，效果如图1-233所示。

07 导入学习资源中的"素材文件>CH01>素材15.jpg"，然后按Alt+Ctrl+G快捷键设置该素材为文字图层的剪贴蒙版，如图1-234所示，效果如图1-235所示。

图1-231

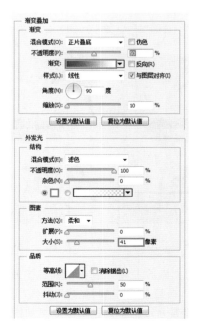

图1-232

图1-233　　　　　　　　图1-234

图1-238

图1-235

08 新建图层，然后使用"椭圆选框工具" 在文字下方绘制选区，为选区填充黑色，如图1-236所示，接着对椭圆图形进行适当模糊，再降低调整图层"不透明度"，效果如图1-237所示。

1.10　滤镜

滤镜主要用来制作各种特殊效果，其功能非常强大，不仅可以调整照片，而且可以制作出绚丽无比的创意图像，如图1-239和图1-240所示。

图1-239

图1-240

图1-236　　　　　　　　图1-237

09 使用"椭圆工具" 绘制椭圆图形，并填充颜色，然后使用"横排文字工具" 输入文字，设置合适的字体，最终效果如图1-238所示。

1.10.1　滤镜库

"滤镜库"是一个集合了多个常用滤镜组的对话框。可以对一张图像应用一个或多个滤镜，或对同一图像多次应用同一个滤镜，还可以使用其他滤镜替换原有的滤镜。

执行"滤镜 > 滤镜库"命令，打开"滤镜库"对话框，如图1-241所示。"滤镜库"对话框中有风格化、画笔描边、扭曲、素描、纹理和艺术效果6组滤镜。

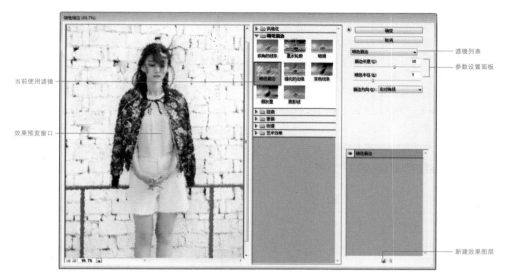

图1-241

滤镜对话框介绍

效果预览窗口：用来预览滤镜效果。

当前使用滤镜：处于灰底状态的滤镜表示正在被使用。

参数设置面板：单击滤镜库中的一个滤镜，右侧的参数选项设置区会显示该滤镜的参数选项。

滤镜列表：单击下拉按钮，可以在弹出的下拉列表中选择一个滤镜。

新建效果图层▣：单击该按钮即可在滤镜效果列表中添加一个滤镜效果图层。选择需要添加的滤镜效果并设置参数，就可以增加一个滤镜效果。

1.10.2 液化滤镜

"液化"滤镜是修饰图像和创建艺术效果的强大工具，其使用方法比较简单，可以实现推、拉、旋转、扭曲和收缩等变形效果，并且可以修改图像的任何区域（"液化"滤镜只能应用于8位/通道或16位/通道的图像）。执行"滤镜>液化"菜单命令，打开"液化"对话框，如图1-242所示。

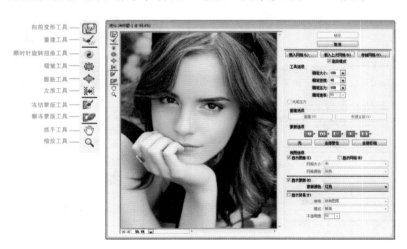

图1-242

由于"液化"滤镜支持硬件加速功能，因此如果没有在首选项中开启"使用图形加速器"选项，Photoshop会弹出一个"液化"提醒对话框，如图1-243所示。该对话框提醒用户是否需要开启"使用图形加速器"选项，单击"确定"按钮 确定 可以继续应用"液化"滤镜。

图1-243

液化对话框常用选项介绍

向前变形工具 ：可以向前推动像素，如图1-244所示。

重建工具 ：用于恢复变形的图像。在变形区域单击或拖曳鼠标进行涂抹时，可以使变形区域的图像恢复到原来的效果，如图1-245所示。

图1-244

图1-245

褶皱工具 ：可以使像素向画笔区域的中心移动，使图像产生内缩效果。

膨胀工具 ：可以使像素向画笔区域中心以外的方向移动，使图像产生向外膨胀的效果，如图1-246所示。

图1-246

使用"液化"对话框中的变形工具在图像上单击并拖曳鼠标即可进行变形操作，变形集中在画笔的中心。

左推工具 ：当向上拖曳鼠标时，像素会向左移动；当向下拖曳鼠标时，像素会向右移动；按住Alt键向上拖曳鼠标时，像素会向右移动；按住Alt键向下拖曳鼠标时，像素会向左移动。

抓手工具 /缩放工具 ：这两个工具的使用方法与"工具箱"中的相应工具完全相同。

工具选项：该选项组下的参数主要用来设置当前使用工具的各种属性。

重建选项：该选项组下的参数主要用来设置重建方式。

恢复全部 恢复全部(A) ：单击该按钮，可以取消所有的变形效果，包含冻结区域。

1.10.3 高斯模糊

"高斯模糊"滤镜可以使图像产生一种朦胧的模糊效果。打开一张图像，如图1-247所示，执行"滤镜 > 模糊 > 高斯模糊"命令，打开"高斯模糊"对话框，如图1-248所示；应用"高斯模糊"滤镜后的效果如图1-249所示。"半径"选项用于计算指定像素平均值的区域大小，值越大，产生的模糊效果越明显。

图1-247

图1-248

图1-249

1.10.4 USM锐化

"USM锐化"滤镜可以查找图像颜色发生明显变化的区域，然后将其锐化。打开一张图像，如图1-250所示；执行"滤镜 > 锐化 > USM锐化"命令，打开"USM锐化"对话框，如图1-251所示；应用"USM锐化"滤镜以后的效果如图1-252所示。

图1-250

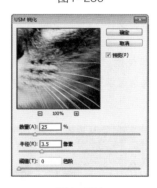

图1-251

图1-252

USM锐化对话框选项介绍

数量：用来设置锐化效果的精细程度。

半径：用来设置图像锐化的半径范围。

阈值：只有相邻像素之间的差值达到所设置的"阈值"数值时才会被锐化。该值越高，被锐化的像素就越少。

📖 **操作练习** 制作服装报纸广告

» 实例位置　实例文件>CH01>操作练习：制作服装报纸广告.psd
» 素材位置　素材文件>CH01>素材16.jpg
» 视频名称　操作练习：制作服装报纸广告
» 技术掌握　液化工具的使用方法

使用液化工具修饰人物的脸部，使其脸型更加完美，再配上合适的文字，以增强整体的效果。

⊙ **操作步骤**

01 按Ctrl+N快捷键新建一个大小为2060像素×1500像素的空白文档，然后新建一个图层，设置前景色为（R:92，G:0，B:29），填充图层，如图1-253所示。

图1-253

02 打开学习资源中的"素材文件>CH01>素材16.jpg"文件，如图1-254所示。

图1-254

03 执行"滤镜>液化"菜单命令，然后在弹出的"液化"对话框中选择"向前变形工具" ，接着将右侧脸部轮廓由外向内轻推，如图1-255所示。

图1-255

04 使用"向前变形工具"  调整下颌，使脸型变成"瓜子脸"，如图1-256所示，效果如图1-257所示。

图1-256

图1-257

05 单击"魔棒工具" ，然后在照片的白色背景处单击鼠标，选中背景区域，再按Delete键删除，效果如图1-258所示。

图1-258

06 将抠出的素材拖曳到背景文件中合适的位置，然后在图层面板下方单击按钮添加一个"色彩平衡"调整图层，将人物色调调至偏红，如图1-259所示。

图1-259

07 使用"横排文字工具"  输入文字，并分别设置合适的字体，如图1-260所示，然后新建一个图层，接着使用"矩形选框工具"  绘制长方形选区，并为选区填充黑色，最终效果如图1-261所示。

图1-260

图1-261

1.11 课后习题

掌握Photoshop中各项工具的使用方法后，熟练运用相关工具进行自由操作是我们的目的。下面的习题主要用于帮助读者练习渐变工具和画笔工具为图片润色的方法，以及使用"色相/饱和度"调整风景图片的色调的方法。

📝 课后习题 | **制作面包户外广告**

» **实例位置** 实例文件>CH01>课后习题：制作面包户外广告.psd
» **素材位置** 素材文件>CH01>素材17.jpg、素材18.png、素材19.png、素材20.jpg、素材21.png
» **视频名称** 课后习题：制作面包户外广告
» **技术掌握** 掌握广告的创意表现手法

本习题制作的是一个面包户外广告，以实物面包图片为背景，然后融入麦田的放大效果，不仅表达了产品的特性，还在视觉上展现了特别的创意想法，案例效果如图1-262所示。

图1-262

第1步：打开背景图片，运用"加深工具" 加深图片的4个角，同时用"减淡工具" 提亮图片的中间区域，如图1-263所示。

图1-263

第2步：导入面包、小麦和放大镜图片，然后增强面包的色相和饱和度，接着设置小麦图层为放大镜图层的剪贴蒙版，如图1-264所示。

图1-264

第3步：运用"画笔工具" 绘制一条绿色的有弧度的笔触，然后运用"钢笔工具" 和"横排文字工具" 完善画面效果，如图1-265所示。

图1-265

📝 课后习题 | **制作风景杂志广告**

» **实例位置** 实例文件>CH01>课后习题：制作风景杂志广告.psd
» **素材位置** 素材文件>CH01>素材22.jpg、素材23.png
» **视频名称** 课后习题：制作风景杂志广告
» **技术掌握** 掌握多种调色工具的使用方法

本习题制作的是一款风景杂志广告，以风景照片为主体，运用多种调色工具调整图像，并使用画笔工具绘制光特效，强调整体的艺术氛围，案例效果如图1-266所示。

图1-266

第1步：运用"可选颜色"和"曲线"命令增强图片的亮度和对比度，效果如图1-267所示。

图1-267

第2步：为图片添加一个"照片滤镜"调整图层，选择"加温滤镜"，将图片调整成暖色调，如图1-268所示。

图1-268

第3步：添加白色光束特效，然后完善文字信息点缀画面，效果如图1-269所示。

图1-269

1.12 本课笔记

第 2 课

Logo（标志）设计

标志是表明事物特征的记号，具有表达意义和指令行动的作用。本课将讲解标志的作用和类型，并对标志设计的原则与色彩搭配进行分析，最后介绍如何通过软件进行绘制，设计出符合企业品牌的标志。

学习要点

- » 标志的特点
- » 标志的类型
- » 标志的设计原则
- » 标志的色彩搭配

2.1 Logo设计相关知识

标志（Logo）是一种传递信息的视觉符号，也是一种具有象征意义的图形设计，它能传达集团、活动、事件、产品等元素的特定含义和信息。

2.1.1 标志的特点

标志是一种用简练的图形、文字和色彩表示某种意义的象征性符号。现在，标志多用于品牌形象的视觉表达，它对品牌起着支持、传达、整合与形象化的作用。标志具有识别性、领导性、同一性、涵盖性等特点。它服务于品牌，是品牌的形象。

1.识别性

识别性是标志的一个重要特点。在市场经济体制下，竞争激烈，公众面对的信息纷繁复杂，各种Logo商标符号更是数不胜数，只有特点鲜明、容易辨认和含义深刻的标志，才能在同业中凸显出来，它能够区别于其他企业、产品和服务，使受众对其留下深刻的印象，如图2-1所示。

图2-1

2.领导性

在视觉识别系统中，标志的造型、色彩和应用方式，直接决定了其他识别要素的形式，其他要素的建立，都是围绕标志而展开的，如图2-2所示。标志的领导地位是企业经营理念和活动的集中体现。

图2-2

3.同一性

标志代表着企业的经营理念、文化特色、规模、经营的内容和特点，因而是企业精神的具体象征。只有企业的经营内容或企业的实态与外部象征（企业标志）相一致时，才有可能获得社会大众的认同，如图2-3所示。

图2-3

4.涵盖性

随着企业的经营和企业信息的不断传播，标志所代表的内涵日渐丰富，企业的经营活动、广告宣传、文化建设、公益活动等都会被大众所接受，并通过对标志符号的记忆刻画在脑海中。经过日积月累，当大众再次见到标志时，就会联想到曾经购买的产品和享受的服务。这样，企业与大众便联系了起来，标志便成为连接企业与大众的桥梁，如图2-4所示。

图2-4

2.1.2 标志的类型

在不同的场合，我们可以看到不同的标志，这些标志不但起到引导的作用，还有助于宣传。标志大致可以划分为以下三大类。

非商业性标志——徽标，是机构和团体的一种象征，能更多地传递其精神理念和思想内涵，如图2-5所示。

图2-5

2.商业性标志

商业性标志——商标，是企业和商品价值的体现。它传递的是企业的经营理念和产品的特征，如图2-6和图2-7所示。

图2-6　　　　　　　图2-7

3.公告信息标志

公告信息标志包括公共环境引导标志和操作指导标志，是现代社会规范化管理和操作程度规范化的具体体现。这类标志主要强调识别性和适应性，如图2-8和图2-9所示。

图2-8

图2-9

2.1.3 标志设计的原则

标志设计与其他图形艺术的表现手段既有相同之处，又有自己独特的艺术规律。在设计标志时，必须体现这些特点，才能更好地发挥其功能。

1.文化内涵深刻

作为一个标志，不仅要有表面的形式美感，还必须具有深刻的内涵。只有使观者产生相关的联想，两者形成情感上的沟通交流，标志才会具有生命力。成功的标志设计是有思想、有灵魂、有生命力的，如图2-10所示。

图2-10

2.构思巧妙、造型精美

商业标志最早出现的时候，是为了区分其他同类商品。标志设计的造型既需要有一定的典型性，又要具有广泛的认可度。设计出构思独特、造型精美的标志是标志设计者探索和努力的方向，如图2-11所示。

图2-11

3.具有时代感

品牌的价值是在发展过程中不断完善的，而其视觉形象也必将随之而变化，因此，标志的设计也不是一成不变的。即使成功的标志设计，也需要在原有的基础上随时代的变迁、人们审美需求的变化而进行适当的改变。我们可以通过Shell（壳牌）石油企业的标志变迁明显看到这些变化在实际生活中的表现，如图2-12所示。

图2-12

4.具有较强的适应性与延展性

随着媒体的飞速发展和商品流通日趋国际化，现今的标志运用更加广泛。标志要在不同的地域环境、不同的时期和不同的载体上频繁出现，因此要求标志既要有较强的适应性，又要有很强的延展性，如图2-13所示。

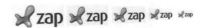

图2-13

2.1.4 标志设计的色彩搭配

标志的色彩与图形形态紧密相连，它具有强烈的表现力，其传达力度与速度往往强于形象的传达。在现代信息社会中，人们对于不易被快速注意和识别的信息，往往缺乏探究的耐心。色彩的作用则是能够迅速地使标志图形引起人们的注意，如图2-14所示。

图2-14

1.标志色彩的心理意义

色彩是具有一定的含义和情感的，它可以刺激人体的感官，表达主题的内涵，影响人们的情绪，使人们产生不同的心理反应。色彩的含义和情感来源于人们在生活中对色彩的认识和体验，以及在心理上所产生的各种联想。例如，红色给人以充满活力、喜庆、吉祥、健康、温馨、朝气蓬勃和积极向上的感觉，黄色给人以富丽、高贵、光明、权威的感觉且具有警示意义，蓝色给人以沉着、安静、寂寞、清洁和寒冷的感受，绿色给人以自然、和平、安宁和健康的感觉等。

标志色彩的心理意义也是标志主题的深层次内涵的一种反映，标志的精神内涵不仅是通过图形的形态来体现的，而且是通过色彩的心理意义而影响受众的。在标志设计中，要充分利用其不同的特性来为主题内容服务，如图2-15所示。

图2-15

2.标志色彩的设计与定位

标志的色彩相对其他种类的设计而言并不复杂，通常为一套色或两套色，最多不超过六套色，如图2-16所示。运用多少种色彩，应根据表现内容的需要以及设计师的创意而定。

图2-16

标志的定位，一方面需要考虑事物所特有的色彩，众所周知，橘子是橙色的，大海是蓝色的，森林是绿色的，只有遵循事物所特有的色彩，才能引起受众的认同；另一方面需要考虑色彩的情感和象征意义，不同文化背景下的民族和地区对色彩的认识会有一定的差异，设计时应使所设置的色彩在能够准确表达标志主题特征的同时，尽可能地与受众的情感一致，如图2-17所示。

图2-17

2.2 餐厅标志设计

» 实例位置　实例文件>CH02>2.2>餐厅标志设计.psd
» 素材位置　无
» 视频名称　餐厅标志设计
» 技术掌握　使用钢笔工具绘制简单图案

⊙ **设计思路指导**

第1点：设计餐厅标志时要讲究简洁性，便于引起人们注意，并使人能够瞬间辨认。

第2点：设计过程中要体现美感和艺术性。一个毫无艺术特色和美感的标志是很难让顾客相信企业的服务和质量的。

第3点：运用合理的图形，使标志具有独特性，给人强烈的视觉印象。

第4点：选择合适的色彩搭配，运用绿色和橙色体现有机和健康。

第5点：在绘制过程中，应准确把握餐具和汤汁的抽象形态。

⊙ **案例背景分析**

本案例设计的是一家餐厅的标志。该餐厅是一个供应有机食品的环保餐厅，因此，在设计上应从独特的视角出发，将餐具和汤汁抽象化，组合成一棵树的形态；在色彩上，将树木的绿色和暖色调的橙色相结合；通过"树"这一具有绿色环保象征意义的图形来传达餐厅的整体形象。该标志构思独特且造型精美，效果如图2-18所示。

图2-18

2.2.1 制作主题图案

根据餐厅的特征，提炼出叉子和汤汁的图案并进行绘制。

01 启动Photoshop CS6，然后按Ctrl+N快捷键新建一个"餐厅标志设计"文件，具体参数设置如图2-19所示。

图2-19

02 新建一个图层，然后设置前景色为（R:255，G:253，B:222），接着按Alt+Delete快捷键用前景色填充该图层，效果如图2-20所示。

03 新建一个图层，设置前景色为（R:34，G:86，B:64），然后在"工具箱"中选择"钢笔工具"，接着在页面中绘制出叉子的形状，如图2-21所示。

图2-20

图2-21

04 运用相同的方法在页面中绘制出如图2-22所示的图形。

图2-22

05 设置前景色为（R:249，G:151，B:35），然后选择"钢笔工具"，接着在页面中绘制出汤汁的路径，再按Ctrl+Enter快捷键将路径转化为选区，如图2-23所示，最后填充前景色，效果如图2-24所示。

图2-23

图2-24

06 设置高光部分的前景色为（R:255，G:209，B:153），然后使用"钢笔工具"绘制出汤汁的高光部分，如图2-25所示。

图2-25

2.2.2 制作文字

绘制出和主题图案弧度一样的文字效果，使文字与图案相呼应。

`01` 设置前景色为（R:34，G:86，B:64），然后使用"横排文字工具" `T`（字体大小和样式可根据实际情况而定）在绘图区域中输入文字信息，如图2-26所示。

图2-26

`02` 选中文字，然后在选项栏中单击"创建文字变形"按钮 `⤸`，打开"变形文字"对话框，接着设置"样式"为"扇形"、"弯曲"为15%，具体参数设置如图2-27所示，最终效果如图2-28所示。

图2-27

图2-28

2.3 零食品牌标志设计

- » 实例位置　实例文件>CH02>2.3>零食品牌标志设计.psd
- » 素材位置　无
- » 视频名称　零食品牌标志设计
- » 技术掌握　绘制充满趣味的动物图案

⊙ **设计思路指导**

第1点：零食品牌标志应讲究趣味性，能够在短时间内引起观者的注意。

第2点：零食品牌标志应具有很强的视觉感染力，能够引起观者共鸣，以便于记忆。

第3点：选择与产品属性相关的图形，使其与品牌产生关联性。

第4点：零食品牌标志可以选择两种相差较大的颜色，以使效果更加丰富。

第5点：熟练使用钢笔工具，绘制出充满趣味的图形。

⊙ **案例背景分析**

本案例设计的是零食品牌的标志，该品牌主要销售坚果、糖果和其他零食，因此，在设计上要注重趣味性。在制作时，首先需要对动物的图案有一个大致的了解，然后提取松鼠的形象，通过联想和抽象的绘画方式来表现，再进行调整，使其形象生动活泼，也体现出零食的美味。将品牌首字母与图案相结合，贯穿品牌信息，也能给观者留下较深刻的印象，效果如图2-29所示。

图2-29

2.3.1 绘制动物图案

将动物图案与趣味性相结合，可以使画面更加活泼有趣。

01 启动Photoshop CS6，然后按Ctrl+N快捷键新建一个"零食品牌标志设计"文件，具体参数设置如图2-30所示。

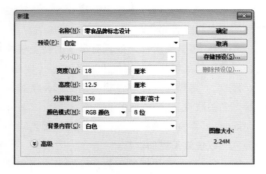

图2-30

02 新建一个图层，然后设置前景色为（R:250，G:224，B:193），接着按Alt+Delete快捷键用前景色填充该图层，效果如图2-31所示。

03 新建一个图层，然后设置前景色为（R:251，G:47，B:56），接着使用"钢笔工具" 在页面中绘制出动物的形状，如图2-32所示。

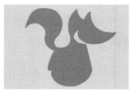

图2-31　　　　　　　图2-32

04 使用相同的方法在页面中绘制出牙齿的形状，如图2-33所示，然后按Ctrl+J快捷键复制出一个图形，接着移动到合适的位置，效果如图2-34所示。

图2-33　　　　　　　图2-34

05 单击"椭圆选框工具" ，然后在页面中绘制出椭圆选框，再填充白色，接着按Ctrl+T快捷键将椭圆图形进行适当的旋转，作为动物的眼睛，如图2-35所示。

图2-35

2.3.2 绘制装饰图案

为主题图案添加一些装饰效果，同时输入相应的文字信息。

01 使用"钢笔工具" 绘制出尾巴的装饰部分，如图2-36所示，然后在动物的身体上绘制出品牌首字母的变形效果，如图2-37所示。

图2-36　　　　　　　图2-37

02 设置前景色为（R:251, G:47, B:56），然后使用"横排文字工具" （字体大小和样式可根据实际情况而定）在绘图区域中输入文字信息，接着更改个别字母的颜色，最终效果如图2-38所示。

图2-38

提示

设置字体颜色时除了可以选择图形的颜色外，还可以选择其互补色，为设计增加吸睛点。

2.4 音乐电台标志设计

» 实例位置　实例文件>CH02>2.4>音乐电台标志设计.psd
» 素材位置　素材文件>CH02>素材01.jpg
» 视频名称　音乐电台标志设计
» 技术掌握　运用钢笔工具、高斯模糊和图层蒙版绘制动感效果

⊙ 设计思路指导

第1点：音乐电台标志要符合当下时尚潮流。

第2点：音乐电台标志应简洁明了，以便于记忆。

第3点：音乐电台标志应具有比较强的视觉冲击力、美观性和可识别性。

第4点：要根据音乐电台的受众、音乐风格和主持风格来决定标志设计的风格。

第5点：运用多彩的图像体现音乐电台的多元化和乐活态度。

第6点：在绘制标志时应首先绘制出图案的大体框架，然后分别填充合适的颜色。

⊙ 案例背景分析

本案例设计的是一家音乐电台的标志，该电台的主旨是轻松、多元化、乐活，因此，在设计上应采用多彩的图形来展现电台的多元化和积极的感觉，以带给人轻松的视觉享受。在绘制本例标志时，首先需要绘制出圆形图案的大体框架，然后分别填色，在绘制过程中要始终围绕该电台的主旨，将文字与图案结合设计，以加深该标志属性的影响力，从而给观者留下深刻的印象，效果如图2-39所示。

图2-39

2.4.1 绘制五彩图案

绘制多种色彩的图案，体现多元化的电台主旨。

01 启动Photoshop CS6，然后按Ctrl+N快捷键新建一个"音乐电台标志设计"文件，具体参数设置如图2-40所示。

图2-40

02 在"工具箱"中选择"钢笔工具" ，然后设置"绘图模式"为"形状"、"填充"为"无"、"描边"为"黑色"、描边宽度为"1点"，接着在绘图区域绘制轮廓线，如图2-41所示，最后绘制标志主体的其他轮廓线，如图2-42所示。

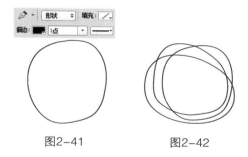

图2-41　　　　　　　图2-42

03 选择"钢笔工具" ，然后设置"绘图模式"为"路径"，接着沿着轮廓线绘制块状图形，再设置前景色为（R:239，G:43，B:100），并用前景色进行填充，效果如图2-43所示。

04 用相同的方法绘制出其他图形，然后分别填充合适的颜色，效果如图2-44所示。

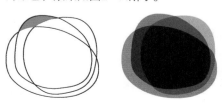

图2-43　　　　　　　图2-44

05 选中最外面的蓝色色块，然后按Ctrl+J快捷键复制一个图层，接着执行"滤镜>模糊>高斯模糊"菜单命令，在弹出的"高斯模糊"对话框中设置"半径"为25像素，效果如图2-45所示。

图2-45

06 选择红色图形和绿色图形，然后用相同的方法对其进行模糊，效果如图2-46所示。

图2-46

2.4.2 绘制背景

制作色调较暗的五彩背景，衬托出标志的效果。

01 新建一个图层，然后选择"渐变工具"，打开"渐变编辑器"对话框，接着设置渐变颜色为从黑色到白色，如图2-47所示，最后按照如图2-48所示的方向为图层填充径向渐变色。

02 将渐变图层移动到图层的最下面，然后导入学习资源中的"素材文件>CH02>素材01.jpg"文件，接着设置该图层的"混合模式"为"正片叠底"，效果如图2-49所示。

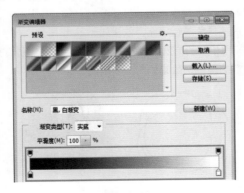

图2-47

图2-48　　　　　　图2-49

2.4.3 添加文字

制作与主题相符的灵动文字，体现出活泼的主旨。

01 使用"横排文字工具"（字体大小和样式可根据实际情况而定）在绘图区域中输入文字信息，然后执行"图层>图层样式>投影"菜单命令，打开"图层样式"对话框，接着设置"不透明度"为100%、"角度"为125°、"距离"为2像素、"扩展"为4%、"大小"为0像素，具体参数设置如图2-50所示，效果如图2-51所示。

02 按Ctrl+J快捷键复制出2个副本文字图层，然后分别将其移动到合适的位置，效果如图2-52所示。

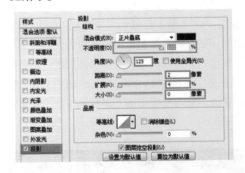

图2-50

图2-51　　　　　　图2-52

03 新建一个图层，然后使用"钢笔工具"绘制一个如图2-53所示的路径，接着单击"横排文字工具"[T]（字体大小和样式可根据实际情况而定），将光标放在路径上，当光标变成Ĭ状时，单击设置文字插入点，最后在路径上输入文字信息，此时可以发现文字会沿着路径排列，最终效果如图2-54所示。

图2-53　　　　　　　图2-54

2.5　课后习题

本课课后习题准备的都是使用钢笔工具绘制Logo的内容，目的是帮助读者巩固本课所学知识，使读者能够熟练地运用钢笔工具绘制Logo，同时练习使用图层样式增加图像效果。

课后习题　婴儿用品店标志设计

» 实例位置　实例文件>CH02>2.5>婴儿用品店标志设计.psd
» 素材位置　无
» 视频名称　课后习题：婴儿用品店标志设计
» 技术掌握　运用图层样式体现标志的立体效果

本习题设计的是婴儿用品商店的标志。该标志以婴儿车为主要元素，搭配类似儿童玩具的三角形积木，使整个标志体现出童趣和天真。案例效果如图2-55所示。

图2-55

第1步：首先填充一个渐变背景衬托主题，然后使用"钢笔工具"[✐]绘制出标志的大体形态，如图2-56所示。

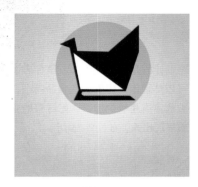

图2-56

第2步：深入绘制标志，绘制出相应的色块，然后为其填充合适的颜色，接着添加描边和渐变叠加的图层样式，如图2-57所示。

图2-57

第3步：完善细节图像，输入品牌信息，效果如图2-58所示。

图2-58

📝**课后习题** 绿茶标志设计

» 实例位置 实例文件>CH02>2.6>绿茶标志设计.psd
» 素材位置 无
» 视频名称 课后习题：绿茶标志设计
» 技术掌握 绘制绿色且具有生机的绿茶标志

本习题设计的是绿茶的标志。该标志以绿色为主色调，可以体现出环保安全的食品特征，再搭配起伏的山坡和富有生机的嫩芽，把绿茶的生长环境和基本特质表现出来，如图2-59所示。

图2-59

第1步：使用"椭圆选框工具"⬭和"钢笔工具"✎绘制出圆环和山坡的部分，如图2-60所示。

图2-60

第2步：绘制出绿色的树干和叶子，体现生机，如图2-61所示。

图2-61

第3步：添加嫩芽元素，然后制作出美观的文字样式，效果如图2-62所示。

图2-62

2.6 本课笔记

第 3 课

卡片设计

在现代商业活动中,商务卡、优惠卡、会员卡等随处可见。卡片的设计不仅要体现商业性,也应具有艺术性。本课将讲解不同类型卡片设计的方法。

学习要点

- » 卡片的分类
- » 名片的设计
- » VIP卡的设计
- » 节日贺卡的设计
- » 礼品卡的设计

3.1 常见卡片设计

卡片在生活中无处不见，如名片、会员卡、电话卡、邀请卡、宣传卡和节日贺卡等。卡片的应用领域非常广泛，这里重点对名片进行讲解。

3.1.1 名片

名片作为一个人和一种职业的独立宣传媒介，在设计上要讲究艺术性。但它同艺术作品有明显的区别，它不像其他艺术作品那样具有很高的审美价值，可以去欣赏、去玩味。在大多情况下，名片不会引起人们的过多关注，但它便于记忆，具有较强的识别性，能让人在最短的时间内获得所需要的信息。因此，名片设计必须做到文字简明扼要，字体层次分明。

1.名片设计的基本要求

名片设计的基本要求应强调3个字：简、准、易，如图3-1所示。

图3-1

简：名片传递的主要信息要简洁明了，构图要完整明确。

准：注意内容定位，尽可能使传递的信息准确。

易：便于记忆，易于识别。

2.名片设计中的构成要素

构成要素是指构成名片的各种素材，一般是指标志、图案和文案（名片持有人的姓名、地址、电话）等。构成要素在名片的设计中各就其位，如图3-2所示。

图3-2

3.名片设计的尺寸

国内标准名片设计尺寸（行业标准）为94mm×58mm（四边各含2mm出血位），标准成品大小为90mm×54mm，这也是国内最常用的名片尺寸。除此之外，还有90mm×108mm、90mm×50mm和90mm×100mm，其中90mm×108mm是常见的折卡名片尺寸，如图3-3所示。

图3-3

4.名片的视觉流程

如图3-4所示的名片，合理的视觉流程应具有以下两个特点。

第1个：主题突出。

第2个：视线的流动路线明确、层次分明。即先看到什么，后看到什么，最后看到什么应该有一个合理的安排。

图3-4

3.1.2 名片的分类

按照用途，名片可分为商业名片、公用名片、个人名片3类。

1.商业名片

商业名片是公司或企业在进行业务活动时使用的名片，大多以营利为目的。商业名片的主要特点为印有公司标志、注册商标和企业业务范围；通常有统一的印刷格式，使用较高档的纸张；没有私人家庭信息，主要用于商业活动，如图3-5所示。

图3-5

2.公用名片

公用名片是政府或社会团体在对外交往中所使用的名片，不以营利为目的。公用名片的主要特点为印有标志，部分印有对外服务范围；没有统一的名片印刷格式，印刷力求简单适用；注重个人头衔和职称，名片没有私人家庭信息，主要用于对外交往与服务，如图3-6所示。

图3-6

3.个人名片

个人名片是朋友间交流感情，结识新朋友时所使用的名片。个人名片的主要特点为通常无标志，设计个性化，常印有个人照片、爱好、头衔和职业；使用的纸张依据个人喜好；名片中含有私人家庭信息，如图3-7所示。

图3-7

3.1.3 宣传卡

宣传卡是商业贸易活动中的重要媒介，通过邮寄的方式向消费者传达商业信息。国外称"邮件广告"或"直邮广告"等。宣传卡具有针对性、独立性和整体性的特点。

我国的宣传卡可分为3类：第1类是宣传卡片（包括传单、折页、明信片、贺年片、企业介绍卡、推销信等），如图3-8所示，用于推广商品、活动介绍和企业宣传等；第2类是样本（包括各种册子、产品目录、企业刊物、画册），如图3-9所示，用于系统展示产品，有前言、厂长或经理致辞、部门结构、商品介绍、成果介绍、未来展望和服务项目等，可树立一个企业的整体形象；第3类是说明书，一般附于商品包装内，可以让消费者了解商品的性能、结构、成分、质量和使用方法等。

图3-8

图3-9

宣传卡自成一体，无须借助于其他媒体，不受宣传环境、公众特点、版面、印刷和纸张等限制，又称为"非媒介性广告"。而样本和说明书是小册子，有封面和内页，装帧如同书籍。

3.1.4　邀请卡

邀请卡是邀请对方会面或参加某项活动时所使用的一种公关礼仪文书，如图3-10所示。通常，邀请卡上应清楚地列出邀请人姓名、活动内容、活动时间、活动地点、发卡人姓名以及日期等信息。

图3-10

3.2　名片设计

» 实例位置　实例文件>CH03>3.2>名片设计.psd
» 素材位置　素材文件>CH03>素材01.png、素材02.png
» 视频名称　名片设计
» 技术掌握　运用创意图案制作名片

⊙ 设计思路指导

第1点：名片设计的基本要求应强调简（简洁明了）、准（信息准确）、易（易于识别）。

第2点：名片的画面不可太过复杂，以免喧宾夺主。

第3点：名片设计应具有可识别性。

第4点：名片内容要包含媒介主体的工作性质和身份。

第5点：标志要适当突出。

第6点：设计公司员工的名片时，注意色彩

搭配要与公司属性相符合。

第7点：要根据企业规定的标准色、标志、中英文名称和标准字体来进行设计，名片的界面既要体现出行业特点，又要体现出企业形象。

⊙ **案例背景分析**

本案例设计的是公司人员的名片，在设计上采用了抽象的元素打造背景，独特的构图能使观者眼前一亮，整体设计新颖独特，画面色彩丰富，体现了活泼灵动之感。整体来说，这款个人名片设计的文字简明扼要，字体层次分明，具有很强的识别性，可让人在短时间内获得所需要的信息，如图3-11所示。

图3-11

3.2.1　绘制名片背面的背景图像

填充渐变背景，绘制花纹图像。

01 启动Photoshop CS6，然后按Ctrl+N快捷键新建一个"个人名片设计"文件，具体参数设置如图3-12所示。

图3-12

02 按Ctrl+R快捷键显示出标尺，然后添加图3-13所示的参考线，将卡片正面和反面区分出来。

图3-13

03 新建一个"正面"图层组，然后新建"图层 1"图层，接着使用"矩形选框工具" ▣ 绘制出合适的矩形选区，再选择"渐变工具" ▣ ，打开"渐变编辑器"对话框，设置第1个色标的颜色为（R:37，G:54，B:135），第2个色标的颜色为（R:10，G:13，B:24），最后为图层填充径向渐变色，如图3-14所示。

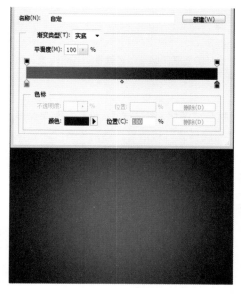

图3-14

04 导入学习资源中的"素材文件>CH03>素材01.png"文件，然后调整好素材的位置，如图3-15所示。

图3-15

05 选择"图层 1",然后使用"矩形选框工具"⊞绘制一个合适的矩形选区,接着按Ctrl+J快捷键复制出一个图层,再将其移动到图层的最上方,如图3-16所示。

图3-16

提示
这样的五彩图案可以在软件中利用渐变工具绘制出来,也可以在网上下载。

06 执行"图层>图层样式>投影"菜单命令,打开"图层样式"对话框,然后设置"不透明度"为47%、"距离"为4像素、"大小"为95像素,如图3-17所示。

图3-17

07 为图层添加一个图层蒙版,然后使用黑色"画笔工具"☑在蒙版中进行涂抹,效果如图3-18所示。

图3-18

3.2.2 输入企业名称

将企业名称放在画面中的醒目位置,使企业信息贯穿整张名片。

01 使用"横排文字工具"T.(字体大小和样式可根据实际情况而定)在绘图区域中输入文字,效果如图3-19所示。

图3-19

02 执行"图层>图层样式>外发光"菜单命令,打开"图层样式"对话框,然后设置"混合模式"为"正常"、发光颜色为(R:230,G:36,B:121)、"大小"为21像素,具体参数设置如图3-20所示,效果如图3-21所示。

图3-20

图3-21

提示
为文字添加外发光样式，可以使文字效果更加突出，画面更加丰富。

3.2.3 绘制名片正面的个人信息

名片主要用来传递个人信息，所以画面不可太过复杂，以免喧宾夺主。

01 新建一个"反面"图层组，然后新建"图层2"图层，接着使用"矩形选框工具" ⬚绘制一个合适的矩形选区，最后按Alt+Delete快捷键用白色填充选区，效果如图3-22所示。

图3-22

02 导入学习资源中的"素材文件>CH03>素材02.png"文件，然后调整好素材的位置，如图3-23所示，接着按住Alt键，将光标放在"图层2"和"素材"图层之间的分隔线上，待光标变成↓□状时单击鼠标，这样可以将"素材"设置为"图层2"的剪贴蒙版，效果如图3-24所示。

图3-23

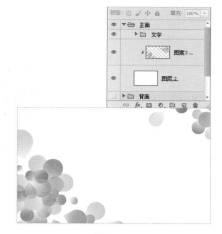

图3-24

03 使用"横排文字工具" T 在绘图区域中输入相关文字信息，如图3-25所示，最终效果如图3-26所示。

图3-25

图3-26

3.3 品牌VIP卡设计

» **实例位置** 实例文件>CH03>3.3>品牌VIP卡设计.psd
» **素材位置** 素材文件>CH03>素材03.png、素材04.abr、素材05.png、素材06.png
» **视频名称** 品牌VIP卡设计
» **技术掌握** 选择甜品元素体现品牌信息

☉ 设计思路指导

第1点：会员卡（VIP卡）多采用矩形或者圆角矩形，当然也有不规则的形态，这要结合企业的性质来决定。

第2点：会员卡的设计应具有较强的审美性和可识别性。

第3点：这里是制作甜品店VIP卡，所以应提取与甜品相关的元素进行设计。

第4点：应选择与产品属性相关的颜色，如橙色，能引起人的食欲。

☉ 案例背景分析

本案例设计的是一款甜品店VIP卡，在设计上选择甜品的矢量图案作为正面背景，同时选择合适而又有设计感的文字体现产品的品质。卡片设计上始终体现该品牌的产品，展现了丰富的产品信息，既宣传了该品牌，又不乏设计感，效果如图3-27所示。

图3-27

3.3.1 绘制正面图像

选用甜品的矢量图案作为会员卡的背景，可以加深消费者对产品的印象。

01 启动Photoshop CS6，然后按Ctrl+N快捷键新建一个"品牌VIP卡设计"文件，具体参数设置如图3-28所示，接着按Ctrl+R快捷键显示出标尺，添加如图3-29所示的参考线，将卡片正面和反面区分开来。

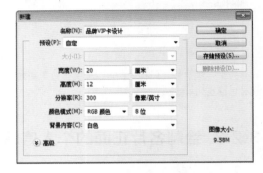

图3-28

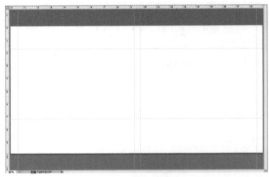

图3-29

02 设置前景色为（R:61 G:51 B:49），然后选择"圆角矩形工具" 🔲，接着设置绘图模式为"形状"、"填充"为无颜色、"描边"为无颜色、"半径"为10像素，绘制出合适的圆角矩形，如图3-30所示。

图3-30

03 导入学习资源中的"素材文件>CH03>素材03.png"文件，然后调整好素材的位置，接着设置图层"混合模式"为"变暗"，效果如图3-31所示。

图3-31

04 执行"编辑>预设>预设管理器"菜单命令，打开"预设管理器"对话框，然后设置"预设类型"为"画笔"，并单击"载入"按钮 载入(L)... ，如图3-32所示，接着在弹出的"载入"对话框中选择学习资源中的"素材文件>CH03>素材04.abr"文件，这样就将外部的画笔载入Photoshop中了，最后新建一个"扩散"图层，选择"画笔工具" ，使用载入的画笔绘制出合适的图案，效果如图3-33所示。

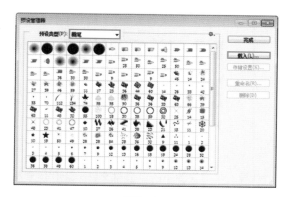

图3-32

图3-33

05 在"图层"面板下方单击"添加图层样式"按钮 ，然后在弹出的菜单中选择"外发光"命令，在弹出的"外发光"对话框里设置"发光颜色"为（R:202，G:68，B:68），效果如图3-34所示。

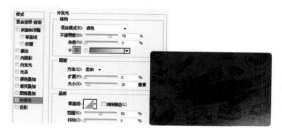

图3-34

3.3.2 制作字体效果

此案例的文字效果是最大的亮点，所以文字的样式尤为重要，应体现生动活泼的特点。

01 使用"横排文字工具" 在绘图区域内输入文字（字体：经典综艺体简），然后将文字栅格化，接着移动到合适的位置，如图3-35所示。

图3-35

02 确定当前图层为"卡"图层，然后使用"钢笔工具" 绘制出合适的选区，按Delete键删除，如图3-36所示，接着设置前景色为（R:255，G:162，B:0），使用"钢笔工具" 绘制出合适的选区，并填充选区，效果如图3-37所示。

图3-36

图3-37

03 导入学习资源中的"素材文件>CH03>素材05.png"文件，然后调整好素材的位置，接着使用"横排文字工具" T 输入编号文字，效果如图3-38所示。

图3-38

3.3.3 绘制反面图像

卡片的反面选择橙色，与产品属性相呼应，同时能引起人的食欲。

01 运用与上面相同的方法绘制出会员卡的另一面图像，然后填充合适的颜色，如图3-39所示，接着执行"滤镜>杂色>添加杂色"菜单命令，在"添加杂色"对话框中设置"数量"为15%，如图3-40所示，效果如图3-41所示。

图3-39

图3-40

图3-41

02 新建一个图层，然后使用"矩形选框工具" 绘制出合适的选区，接着用黑色填充选区，即绘制磁条部分，再绘制一个白色横条图形，效果如图3-42所示。

图3-42

03 导入学习资源中的"素材文件>CH03>素材06.png"文件，然后在"图层"面板下方单击"添加图层样式"按钮 fx，接着在弹出的菜单中选择"投影"命令，调整合适的投影大小，设置"大小"为18像素，效果如图3-43所示。

04 将正面的标志素材复制一份，然后移动到反面的合适位置，如图3-44所示。

05 单击"横排文字工具" T，在绘图区域内输入其他文字，效果如图3-45所示。

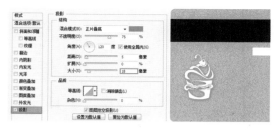

图3-43

图3-44

图3-45

06 使用"椭圆工具" ◎ 绘制出多个标记图形，如图3-46所示，最终效果如图3-47所示。

图3-46

图3-47

3.4 节日贺卡设计

» 实例位置　实例文件>CH03>3.4>节日贺卡设计.psd
» 素材位置　素材文件>CH03>素材07.png、素材08.psd、素材09-1.png、素材09-2.png
» 视频名称　节日贺卡设计
» 技术掌握　个性文字的绘制方法

⊙ 设计思路指导

第1点：节日贺卡的设计应具有较强的审美性和可识别性。

第2点：节日贺卡的设计应结合企业的性质，体现新颖的特色，避免千篇一律。

第3点：节日贺卡的主色调应选择红色，以体现节日的喜庆。

第4点：可对个别文字进行重点设计，但设计要与主题风格一致。

第5点：选择与节日相关的元素进行设计，以体现节日氛围。

⊙ 案例背景分析

本案例是某公司为员工设计的一款节日贺卡，在设计上采用红色调，以彰显节日氛围；画面中的元素体现出狗年的特色，再配合牡丹，体现出富贵之感；整体构图简洁大方。案例效果如图3-48所示。

图3-48

3.4.1 制作主题图像

在贺卡正面添加狗和牡丹元素，以体现节日的气氛。

01 启动Photoshop CS6，然后按Ctrl+N快捷键新建一个"节日贺卡设计"文件，具体参数设置如图3-49所示。

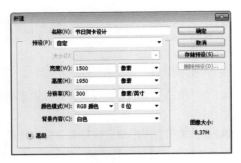

图3-49

02 导入学习资源中的"素材文件>CH03>素材07.png"文件，然后调整素材的位置，如图3-50所示。

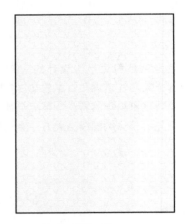

图3-50

03 新建一个图层，然后设置前景色为（R:202，G:133，B:0），使用"钢笔工具" ✐ 绘制出合适的选区，并进行填充，如图3-51所示，接着设置前景色为白色，使用较大的柔边缘"画笔工具" ✐ 在图形的边缘进行绘制，产生渐变的效果，如图3-52所示。

04 使用"钢笔工具" ✐ 绘制出合适的选区，然后打开渐变编辑器，编辑出合适的渐变色，接着从上到下为选区填充线性渐变色，效果如图3-53所示。

图3-51

图3-52

图3-53

05 按Ctrl+H快捷键调出参考线，然后拉出参考线到中间的位置，接着打开学习资源中的"素材文件>CH03>素材08.psd"文件，将素材拖曳到操作文件中的合适位置，效果如图3-54所示。

06 使用"横排文字工具" T 在贺卡反面输入文字，如图3-55所示，然后按Ctrl+T快捷键进入自由变换模式，接着单击鼠标右键，在弹出的菜单中选择"水平翻转"命令，再单击鼠标右键，选择"垂直翻转"命令，最后对反面的图案进行同样的操作，效果如图3-56所示。

图3-54

图3-55

图3-56

提示
　　上面部分是贺卡的反面，所以文字和图案的方向需要调整。

07 使用"钢笔工具" 绘制出反面的装饰图形，如图3-57所示，然后导入学习资源中的"素材文件>CH03>素材09-1.png"文件，并调整素材的位置，效果如图3-58所示。

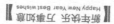

图3-57

图3-58

3.4.2 制作文字效果

　　使用钢笔工具绘制出个性的主题文字，并输入其他辅助信息。

01 导入学习资源中的"素材文件>CH03>素材09-2.png"文件，并调整素材的位置，效果如图3-59所示。

图3-59

02 使用"横排文字工具" 在贺卡正面输入文字，并设置合适的字体和大小，如图3-60所示。

图3-60

03 设置前景色为（R:202，G:133，B:0），然后使用"椭圆工具" ⬭在文字下面绘制出多个椭圆图形，效果如图3-61所示，接着将3个椭圆图层栅格化并按Ctrl+E快捷键合并成一个图层，按住Ctrl键的同时单击文字缩略图，载入文字的选区，最后按Delete键删除椭圆中选区内的内容，如图3-62所示。

图3-61

图3-62

> **提示**
> 导入的文字和印章图案可以使用文字工具和钢笔工具绘制出来，也可以寻找相关的素材。

04 使用"钢笔工具" ✐绘制两条线段，设置"描边颜色"为（R:202，G:133，B:0），如图3-63所示。

05 使用"横排文字工具" ⊤在贺卡正面输入文字，然后分别设置合适的字体和颜色，如图3-64所示，最终效果如图3-65所示。

图3-63

图3-64

图3-65

3.5 课后习题

学习了卡片设计的知识和案例的操作技巧后，熟练运用相关知识进行实际操作是我们的目的。建议读者在平时注意存储多种素材图片，这是很必要的步骤，下面的习题就需要放置适合卡片设计主题的图片。

📝 课后习题　医疗健康卡设计

- » 实例位置　实例文件>CH03>3.5>医疗健康卡设计.psd
- » 素材位置　素材文件>CH03>素材10.png、素材11.psd
- » 视频名称　课后习题：医疗健康卡设计
- » 技术掌握　制作简洁清爽的画面版式

本习题设计的是医疗健康卡，该设计采用清

爽的色调，给人一种视觉上的舒适感，花朵的添加给整个画面带来温馨感，画面排版简洁大方，一目了然，效果如图3-66所示。

图3-66

第1步：填充一个清爽的渐变背景，然后添加花朵素材，并将其放置到合适的位置，如图3-67所示。

图3-67

第2步：使用"椭圆工具" ⬭ 绘制出多个圆环，然后添加图层蒙版，使用黑色的画笔适当涂抹蒙版，如图3-68所示。

图3-68

第3步：输入文字信息，然后为文字添加描边和渐变叠加效果，如图3-69所示。

第4步：将正面背景复制一份并移动到合适的位置，作为卡片的反面，然后完善其他信息，效果如图3-70所示。

图3-69

图3-70

📝 **课后习题** 商场刮刮卡设计

» 实例位置　实例文件>CH03>3.6>商场刮刮卡设计.psd
» 素材位置　素材文件>CH03>素材12.jpg、素材13.psd、素材14.psd
» 视频名称　课后习题：商场刮刮卡设计
» 技术掌握　制作文字渐变描边效果

本习题设计的是一款商场刮刮卡，该设计整体以暖色为主色调，给人一种欢快的感觉，再搭配购物的人以及礼物等素材，突出了商场及刮刮卡的特点，效果如图3-71所示。

图3-71

第1步：制作一个渐变背景，然后使用星光画笔绘制星光图案，如图3-72所示。

图3-72

图3-73

第2步：添加相关的购物素材，然后输入文字并设置相应的文字样式，如图3-73所示。

第3步：运用同样的方法制作卡片的反面，效果如图3-74所示。

图3-74

3.6　本课笔记

第 4 课

海报设计

海报作为广告宣传的一种有效媒介，可以用来树立企业形象，提高产品知名度，开拓市场，促进销售。商业类海报各式各样，不同的主题有不同的表现形式，本课将讲解多种海报的设计思路和绘制方法。

学习要点

» 海报设计的要点　　　　» 海报的分类

» 海报的特征　　　　　　» 海报的表现手法

» 海报的功能

4.1 海报设计基础知识

海报又称招贴画，是一种艺术化的大众宣传工具，多贴在街头墙上或橱窗里，以其醒目的画面吸引受众的注意。

4.1.1 海报设计的要点

海报设计要体现一定的艺术感染力，要调动形象、色彩、构图和形式感等因素形成强烈的视觉效果。那么如何设计一张具有感染力的海报，将最重要的信息传达给观者呢？下面将逐一进行讲解。

1.色彩

色彩是无声的语言，决定着画面的色调和气氛。在大多数海报作品中，色彩是要慎重使用的，否则会彼此产生干扰甚至误导。对比色和补色尤其会产生强烈的效果，需要恰当地运用，以达到良好的效果，如图4-1所示。

图4-1

2.版式

顾名思义，版式即版面的式样，在绘画中称为构图。海报的版式可根据不同的主题内容来选择。海报中的标题信息尤其重要，大多放在主体位置，图形根据主题内容放在相应的位置。不同的组合方式可以产生不同的气氛，烘托不同的主题，如图4-2所示。

图4-2

3.创意

海报通常会以强烈的形式感来感染受众，通过画面吸引观者的眼球，因为强烈的视觉冲击力才能给人留下深刻的印象。海报的视觉冲击力通过强调对比、差异、极简或极繁的形式来体现，如图4-3所示。

图4-3

4.图形表现

图形是视觉传达中的重要信息符号和元素之

一。图形可以传情达意，起到传达信息的作用。它的信息传递功能不亚于文字，用图形的方式说话会比用文字更有趣味和感染力。图形在海报中起着核心的作用。主体图形的设计需要符合海报的主旨，如图4-4所示。

图4-4

5.典型元素

典型元素就是适合主题的最佳元素，把握好典型元素是设计海报时最重要的思路，如图4-5所示。

图4-5

4.1.2 海报的特征

海报就是运用各种方式抓住和强调产品或主题本身与众不同的特征，并把它鲜明地表现出来，即将这些特征置于广告画面的主要视觉部位或加以烘托处理，使观众在接触文字和画面的瞬间对其产生兴趣。

1.画面大

海报张贴于公共场所，会受到周围环境和各种因素的干扰，所以必须以高清画面及突出的形象和色彩展现在人们面前，常用的画面规格有全开、对开、长三开及特大画面（八张全开等），如图4-6所示。

图4-6

2.远视强

为了给来去匆忙的人们留下印象，除了面积大之外，海报设计还要充分体现定位设计的原理，使突出的商标、标志、标题、图形、对比强烈的色彩、大面积空白、简练的视觉流程成为视觉焦点。如果就形式上区分广告与其他视觉艺术的不同，海报可以说更具广告的典型性，如图4-7所示。

图4-7

3.艺术性强

就海报的整体而言,包括商业和非商业这两种类型。商业海报往往通过艺术表现力强的摄影照片、造型写实的绘画和漫画形式来突出主题,给观者带来真实感和轻松感。非商业性的海报内容广泛、形式多样、表现力丰富。特别是文化艺术类海报,设计师可根据广告主题充分发挥想象力,尽情施展艺术手段,如图4-8所示。

图4-9

图4-8

4.1.3 海报的功能

海报的基本功能是传递信息,特别是商业海报,充当着传递商品信息的角色。

1.传达个性化信息

准确传递具有个性化的信息,能够达到预期的广告目的,如图4-9所示。在传达个性信息时,要注意以下两点。

第1点:信息要具有鲜明的个性。

第2点:信息要真实、可信、有效和健康。

2.促进销售

优秀的海报设计既能突出商品品牌和质量优势,又能树立良好的企业形象,同时还有利于提高产品竞争力,如图4-10所示。

图4-10

3.艺术价值

优秀的海报设计在传递信息的同时,还能给受众带来审美的愉悦,这是海报在实现其基本功能后所延伸出的艺术价值,如图4-11所示。

图4-11

4.1.4 海报的分类

从应用角度，海报大致可以分为商业海报、文化海报、电影海报、游戏海报、创意海报和公益海报等。

1.按主题分类

商业海报，用于商品的宣传和促销，涉及展览会、交易会、旅游、邮电、交通和保险等范围。严格来讲，是指商品经营者或服务提供者承担费用，通过一定的媒介和形式直接或间接地介绍所推销的商品或提供的服务的招贴广告，如图4-12所示。

图4-12

公益海报，用于社会宣传、公益事业（环境保护、社会公德、福利事业、交通安全和禁烟等）、社会活动等范围，即不以营利为目的，而为公共利益服务的招贴广告。公益海报的发布常常是针对社会关注的热点问题，宣传一种想法或意见，推动这一问题的解决，如图4-13所示。

图4-13

主题创作（文化艺术）海报，用于科技、教育、艺术、体育和新闻出版等范围。文化海报根植于现实，传达的是特定时空的具体信息，它不同于公益海报的社会责任感，也不同于商业海报的商业目的与功利性，如图4-14所示。

图4-14

2.按形式分类

按形式来分的话，海报可以分为具象型海报、抽象型海报、文字型海报和综合型海报。

4.1.5 海报的表现手法

海报的表现手法有很多种，包括直接展示法、突出特征法、对比衬托法、合理夸张法和以小见大法等。

1.直接展示法

这是一种最常见的表现手法。它将产品或主题直接、如实地展现在版面上，充分运用摄影或绘画等方式的写实表现能力，细致刻画和着力渲染产品的质感、形态和功能，将产品精美的质感呈现出来，给人以逼真的现实感，使消费者对所宣传的产品产生一种亲切感和信任感。

这种手法由于是直接将产品推到消费者面前，所以要十分注意画面上产品的组合和展示角度，应着力突出产品的品牌和产品本身最容易打动人心的部位，这样才能增强广告画面的视觉冲击力，如图4-15所示。

图4-15

2.突出特征法

突出特征法也是一种常见的表现手法，是突出广告主题的重要手法之一。该方法就是运用各种方式抓住和强调产品或主题本身与众不同的特征，并把它鲜明地表现出来，以达到刺激受众的购买欲望的目的，如图4-16所示。

图4-16

3.对比衬托法

对比是一种在趋向于对立冲突的艺术中最突出的表现手法。它把作品中所描绘的事物的性质和特点通过和鲜明的对照物直接对比来表现，借彼显此，互比互衬，从对比所呈现的差别中，达到集中、简洁、曲折变化的表现效果。通过这种手法，可以更鲜明地强调或提示产品的性能和特点，能给消费者以深刻的视觉感受。

对比手法运用得成功，能使貌似平凡的画面中隐含着丰富的意味，展示主题的不同层次和深度，如图4-17所示。

图4-17

4.合理夸张法

借助想象，对海报作品中所宣传的对象的品质或特征进行明显的夸大，以加深受众对这些特征的印象。通过这种手法，能更鲜明地强调或揭示事物的实质，加强作品的艺术效果，如图4-18所示。

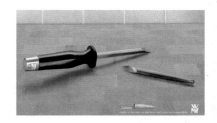

图4-18

5.以小见大法

以小见大，从不全到全的表现手法，给设计者带来了很大的灵活性和无限的表现力，同时为受众提供了广阔的想象空间。以小见大中的"小"，是画面的焦点和视觉中心，是小中寓大、以小胜大的产物，是简洁的刻意追求，如图4-19所示。

图4-19

6.联想法

在审美的过程中，丰富的联想能突破时空的界限，扩大艺术形象的容量，加深画面的意境。通过联想，作品与受众可以融合为一体，引发美感共鸣，如图4-20所示。

图4-20

7.幽默法

幽默法是海报设计中常用的一种表现手法，这种手法主要是通过一些带喜剧特征的视觉效果来吸引大众的眼球，既营造了轻松搞笑的气氛，同时也给受众留下了深刻的印象，如图4-21所示。

图4-21

8.比喻法

比喻法是指在设计过程中选择两个看似互不相干、却在某些方面有相似性的事物，"以此物喻彼物"，因而可以借题发挥，进行延伸转化，获得"婉转曲达"的艺术效果。比喻手法比较含蓄，有时难以一目了然，但观者一旦领会其意，就会回味无穷，如图4-22所示。

图4-22

9.以情托物法

以情托物法是在表现手法上侧重选择具有感情倾向的内容，以美好的感情烘托主题，真实而充分地反映这种审美感情，以达到美的意境。将这种方法运用到海报设计中，就是要通过设计作品将感情因素呈现出来，与观者产生情感共鸣，如图4-23所示。

图4-23

10.悬念安排法

该手法可营造出一种悬疑气氛，驱动受众的好奇心，使其想一探究竟。这种手法能加深矛盾冲突，吸引受众的兴趣和注意力，产生引人入胜的艺术效果，如图4-24所示。

图4-24

11.选择偶像法

该手法抓住人们仰慕名人、偶像的心理，将产品信息通过名人、偶像传达给受众。可以大大提高产品的品位并加深产品留给受众的印象，有利于树立品牌的可信度，产生不可言喻的说服力，引发消费者的购买欲望，如图4-25所示。

图4-25

12.谐趣模仿法

这是一种具有创意性的引喻手法，把大众所熟悉的艺术形象或社会名流作为谐趣的图像，经过巧妙的变化，呈现给消费者一个崭新奇特的画面，颇具趣味性，无形中提升了产品的品位，如图4-26所示。

图4-26

13.神奇迷幻法

运用变形夸张的方式，以无限丰富的想象构造出神话或童话般的画面，在一种奇幻的情景中再现现实，这种充满浓郁浪漫主义，写意多于写实的表现手法，富于感染力，给人一种特殊的美感，可满足人们喜好奇异多变的审美情趣的要求。

从创意构想开始直到设计结束，想象都在活跃地进行。想象的突出特征是它的创造性，设计师以创造性思维为基础对事物进行改造，可形成特有的新形象，给观者以新意，如图4-27所示。

图4-27

14.连续系列法

连续的画面能给人以完整的视觉印象，获得好的宣传效果。从视觉心理来说，人们厌弃单调的形式，追求多样的变化，连续系列表现手法符合"寓多样于统一之中"这一形式美的基本法则，在"同"中见"异"，在统一中求变化，形成既多样又统一，既对比又和谐的艺术效果，加强了艺术感染力，如图4-28所示。

图4-28

4.2 音乐海报设计

» 实例位置 实例文件>CH04>4.2>音乐海报设计.psd
» 素材位置 素材文件>CH04>素材01.png、素材02.png
» 视频名称 音乐海报设计
» 技术掌握 运用图层样式制作动感音乐文字

⊙ **设计思路指导**

第1点：音乐海报要有较强的艺术感染力，能调动受众的情绪。

第2点：音乐海报要有较强的视觉冲击力，这样才能给人留下深刻的视觉印象。

第3点：音乐海报要善用音乐相关元素，用图形的方式说话会比用文字更形象。

第4点：准确传递具有个性化的信息，达到海报宣传的目的。

⊙ **案例背景分析**

本案例设计的是表现音乐活动的海报，整个画面以一支麦克风为主体，丝丝音符从中飘出，无声的画面仿佛也有了美妙的声音。视觉效果简单直观，蓝色的整体色调，使整个画面产生空灵之感，与音乐相呼应。整体设计有效地传递出了音乐活动的相关信息，令观者一目了然，效果如图4-29所示。

图4-29

4.2.1 制作主题图像

制作蓝色的渐变背景，添加麦克风元素突出海报的主题。

01 启动Photoshop CS6，然后按Ctrl+N快捷键新建"音乐海报招贴设计"文件，具体参数设置如图4-30所示。

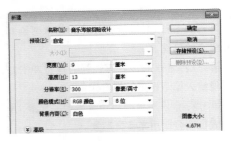

图4-30

02 新建一个图层，然后选择"渐变工具" ，打开渐变编辑器，接着编辑出合适的渐变色，从上往下为图层填充径向渐变色，如图4-31所示。

图4-31

03 新建一个图层，然后设置合适的前景色，使用柔边"画笔工具" 在图像中绘制出如图4-32所示的图像效果，最后设置该图层的"混合模式"为"叠加"，对比增强的画面效果如图4-33所示。

图4-32　　　　　　图4-33

04 打开学习资源中的"素材文件>CH04>素材01.png"文件，然后将其拖曳到"音乐海报招贴设计"操作界面中，接着将新生成的图层更名为"麦克风"，如图4-34所示。

图4-34

> **提示**
> 这里也可以先设置图层的"混合模式"为"叠加"，然后绘制图像，这样便于在操作过程中观察效果。

05 执行"图层>图层样式>外发光"菜单命令，打开"图层样式"对话框，然后设置发光颜色为（R:176，G:0，B:229）、"大小"为250像素，如图4-35所示。

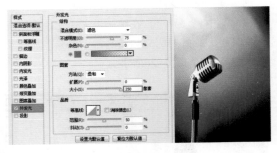

图4-35

06 按Ctrl+J快捷键复制出一个"麦克风拷贝"图层，然后在"图层"面板下方单击"创建新的填充或调整图层"按钮 ，在弹出的菜单中选择"色彩平衡"命令，并在"属性"面板中设置"洋红-绿色"为-70，接着将该调整图层设置为"麦克风拷贝"图层的剪贴蒙版，效果如图4-36所示。

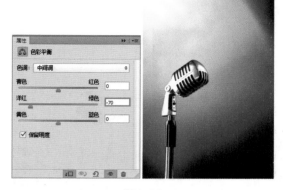

图4-36

4.2.2 设计字体

使用钢笔工具绘制出个性醒目的主题文字，然后设置合适的字体样式，以突出效果。

01 使用"横排文字工具" ⬛ 输入文字，然后在选项栏中设置字体为Present Cn Bold Italic，效果如图4-37所示。

02 按住Ctrl键的同时单击文字图层的缩略图，载入文字选区，然后打开"路径"面板，单击面板底部的"从选区生成工作路径"，得到路径，接着隐藏文字图层，再使用"直接选择工具" ⬛ 调整各个平滑点，得到文字的变形效果，如图4-38所示。

图4-37   图4-38

03 将路径转换为选区，然后新建一个图层，接着为选区填充白色，效果如图4-39所示。

04 执行"图层>图层样式>外发光"菜单命令，打开"图层样式"对话框，然后单击等高线右侧

的图标，并在弹出的"等高线编辑器"对话框中将等高线编辑成如图4-40所示的形状，最后设置"混合模式"为"正常"、发光颜色为（R:208，G:7，B:221）、"扩展"为30%、"大小"为18像素，具体参数设置如图4-41所示，效果如图4-42所示。

图4-39   图4-40

图4-41   图4-42

05 在"图层样式"对话框中单击"光泽"样式，然后设置"混合模式"为"正常"、效果颜色为（R:208，G:7，B:221）、"角度"为18°、"距离"为10像素、"大小"为5像素，效果如图4-43所示。

图4-43

06 单击"斜面和浮雕"样式，然后单击光泽等高线右侧的图标，接着在弹出的"等高线编辑器"对话框中将等高线编辑成如图4-44所示的形状，最后设置"样式"为"枕状浮雕"、"大小"为10像素、阴影颜色为（R:3，G:84，B:182），具体参数设置如图4-45所示，效果如图4-46所示。

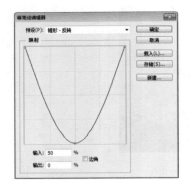

图4-44

图4-45

图4-46

4.2.3 完善整体设计

添加星光和音符元素，丰富画面效果，完善设计。

01 新建"星光"图层，然后设置前景色为白色，接着单击"画笔工具" ✎ ，最后选择一种星光笔刷在图像中绘制如图4-47所示的效果。

02 打开学习资源中的"素材文件>CH04>素材02.png"文件，然后将其拖曳到"音乐海报招贴设计"操作界面中，并将新生成的图层更名为"音符"，接着为该图层添加一个图层蒙版，并使用黑色"画笔工具" ✎ 在蒙版中进行涂抹，最后设置该图层的"混合模式"为"叠加"，效果

如图4-48所示。

图4-47　　　　　　　图4-48

03 使用"横排文字工具" T 在绘图区域中输入文字信息，最终效果如图4-49所示。

图4-49

4.3 饮品海报设计

» 实例位置　实例文件>CH04>4.3>饮品海报设计.psd
» 素材位置　素材文件>CH04>素材03.psd、素材04.jpg、素材05.png~素材07.png
» 视频名称　饮品海报设计
» 技术掌握　以文字和色彩表现商品特色

⊙ 设计思路指导

第1点：饮品海报的视觉冲击力通过图像和色彩来表现。

第2点：饮品海报表达的内容要精练，要抓住主要诉求点。

第3点：饮品海报设计一般以图片为主，文案为辅。

第4点：海报的主题文字要醒目。

第5点：选择和产品相关或相近的颜色体现产品的特点。

⊙ 案例背景分析

在本案例中，采用产品本身的颜色为背景；同时加入水珠等相关元素；选择比较新颖的字体，体现独特的创意。虽然画面上产品元素很少，但是却直观地体现出了饮品的口感，让人眼前一亮，效果如图4-50所示。

图4-50

4.3.1 制作背景

采用产品本身的颜色作为背景，使观者记忆深刻。

01 启动Photoshop CS6，然后按Ctrl+N快捷键新建一个"饮品海报设计"文件，具体参数设置如图4-51所示。

图4-51

02 新建"背景"图层，然后选择"渐变工具" ，接着打开渐变编辑器，设置第1个颜色的色标为（R:32，G:131，B:36）、第2个颜色的色标为（R:255，G:144，B:0），最后从左到右为选区填充径向渐变色，效果如图4-52所示。

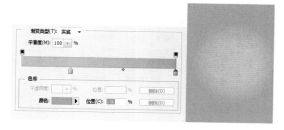

图4-52

03 导入学习资源中的"素材文件>CH04>素材03.psd"文件，然后调整素材的大小和位置，效果如图4-53所示。

图4-53

04 选择单个产品图层，然后在"图层"面板下方单击"添加图层样式"按钮 fx. ，在弹出的菜单栏中选择"外发光"命令，接着在"外发光"对话框中设置"扩展"为3%、"大小"为25像素，如图4-54所示，效果如图4-55所示。

05 导入学习资源中的"素材文件>CH04>素材04.jpg"文件，然后设置图层的"混合模式"为"正片叠底"，并调整好素材的位置，效果如图4-56所示。

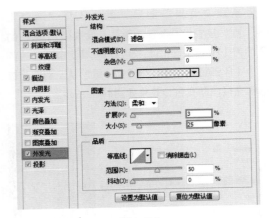

图4-54

图4-55

图4-56

06 导入学习资源中的"素材文件>CH04>素材05.png、素材06.png"文件，然后分别设置图层的"混合模式"为"亮光"，接着调整素材的位置，效果如图4-57所示。

图4-57

4.3.2 制作字体效果

此案例的文字效果是亮点，所以文字的样式尤为重要，要制作得生动活泼。

01 使用"横排文字工具" T.在绘图区域内输入主题文字（字体：Tabitha），效果如图4-58所示。

图4-58

02 在"图层"面板下方单击"添加图层样式"按钮 fx.，然后在弹出的菜单中选择"斜面和浮雕"命令，在弹出的"斜面和浮雕"对话框里设置"深度"为113%、"大小"为5像素，如图4-59所示；接着单击左侧的"内发光"命令，设置"不透明度"为19%、"阻塞"为36%、"大小"为8像素，如图4-60所示。

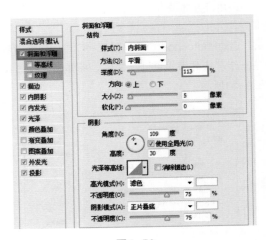

图4-59

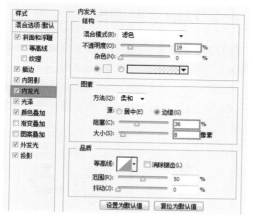

图4-60

图4-63

03 单击左侧的"外发光"命令，然后设置"不透明度"为35%、"大小"为5像素，如图4-61所示；接着单击"投影"命令，设置"不透明度"为42%、"距离"为2像素、"大小"为2像素，如图4-62所示，效果如图4-63所示。

04 确定当前图层为文字图层，然后在图层面板上单击鼠标右键，选择"栅格化图层样式"，接着将文字图层拆分成单个字母，进行适当缩放和旋转，并调整元素的位置，最终效果如图4-64所示。

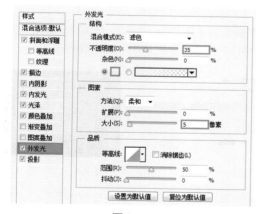

图4-61

图4-64

图4-62

提示

排列太规则的文字会显得死板，上面的排列方式会使画面更加有趣味。

05 导入学习资源中的"素材文件>CH04>素材07.png"文件，然后调整素材的大小和位置，效果如图4-65所示。

06 使用"横排文字工具" T 在绘图区域内输入其他文字，最终效果如图4-66所示。

图4-65   图4-66

4.4 化妆品海报设计

» 实例位置　实例文件>CH04>4.4>化妆品海报设计.psd
» 素材位置　素材文件>CH04>素材08.png~素材11.png
» 视频名称　化妆品海报设计
» 技术掌握　产品特效制作和画面色调选择

⊙ 设计思路指导

第1点：海报设计风格要与产品的格调相对应。

第2点：海报设计要突出商品的品牌与质量的优势。

第3点：海报的设计应明确其商业主题，同时在文案上要注意突出重点，不宜太花哨。

第4点：选择比较沉稳的色调，以突出产品的高档次。

⊙ 案例背景分析

本案例设计的是化妆品广告，简洁的构图带给受众直观的视觉感受，准确地传达了商品的信息，整个设计既突出了商品的品牌和质量优势，又帮助企业树立了良好的形象，效果如图4-67所示。

图4-67

4.4.1 绘制主题图像

选择沉稳的渐变色调作为海报的背景，添加产品图片和相关的人物素材作为主题图像。

01 启动Photoshop CS6，然后按Ctrl+N快捷键新建一个"化妆品海报设计"文件，具体参数设置如图4-68所示。

图4-68

02 新建"图层1"，然后打开"渐变编辑器"对话框，并在选项栏中勾选"反向"，接着设置第1个色标的颜色为（R:18，G:3，B: 6）、第2个色标的颜色为（R:188，G:140，B:82），最后按照如图4-69所示的方向为图层填充径向渐变色。

图4-69

03 打开学习资源中的"素材文件>CH04>素材08.png"文件，然后将其拖曳到文件中的合适位置，接着将新生成的图层更名为"化妆品"，如图4-70所示。

图4-70

04 在"化妆品"图层的下方新建"图层2",然后设置前景色为（R:211，G:191，B:136），接着使用柔边"画笔工具" ✏ 绘制出如图4-71所示的效果。

图4-71

05 打开学习资源中的"素材文件>CH04>素材09.png"文件，然后将其拖曳到"化妆品海报设计"操作界面中，并将新生成的图层更名为"光束"，接着为该图层添加一个图层蒙版，并使用黑色"画笔工具" ✏ 在蒙版中进行涂抹，最后设置该图层的"混合模式"为"叠加"、"不透明度"为70%，效果如图4-72所示。

图4-72

06 打开学习资源中的"素材文件>CH04>素材10.png"文件，然后将其拖曳到"化妆品海报设计"操作界面中，并将新生成的图层更名为"人物"图层，接着创建一个"亮度/对比度"调整图层，在"属性"面板中设置"亮度"为-7，效果如图4-73所示。

07 新建"星光"图层，然后设置前景色为白色，接着选择"画笔工具" ✏，最后在选项栏中选择一种星光笔刷绘制出如图4-74所示的图像。

图4-73

图4-74

4.4.2 添加文字

图像本身已经有强烈的说明意味，所以只需添加少量文字进行简单的介绍即可。

01 设置前景色为（R:255，G:236，B:169），然后使用"横排文字工具" T 在绘图区域中输入文字信息，效果如图4-75所示。

图4-75

02 选择PRECISE DESIGN文字图层，然后执行"图层>图层样式>斜面和浮雕"菜单命令，打开"图层样式"对话框，接着设置"深度"为75%、"大小"为3像素，效果如图4-76所示。

03 导入学习资源中的"素材文件>CH04>素材

11.png"文件，然后将其移动到画面中的合适位置，最终效果如图4-77所示。

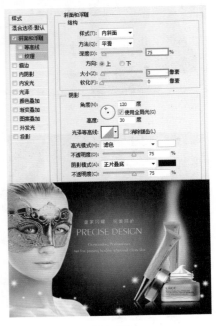

图4-76

图4-77

4.5 演唱会户外海报设计

» 实例位置　实例文件>CH04>4.5>演唱会户外海报设计.psd
» 素材位置　素材文件>CH04>素材12.jpg
» 视频名称　演唱会户外海报设计
» 技术掌握　运用混合模式制作动感画面

⊙ 设计思路指导

第1点：户外广告要考虑画面、文字和联系信息的辨识度和可视性。

第2点：广告的正文要写清楚活动的主要项目、时间、地点等。

第3点：户外广告的制作要根据广告牌的尺寸、媒体位置（室内、户外）、是否打光（内打光、外打光）和画面精细度来选择合理的材质和工艺。

第4点：演唱会海报需要体现一种号召大家积极参与的热烈气氛，因此表现形式可适当夸张。

第5点：色彩的选择上没有太多限制，能体现主题就好。

⊙ 项目背景分析

本案例设计的是户外广告，户外广告最主要的特征就是简洁明了、容易辨认。案例中加入了夸张的人物动态以体现演唱会的主题；使用了很明亮的色调，将页面进行了左右分割，使用颜色叠加的方式制作一些特殊的色调以强调视觉效果；文字颜色主要使用了白色和橙色，因为只有比较明亮的颜色在深色背景下的视觉效果才比较突出，效果如图4-78所示。

图4-78

4.5.1 分割版面

版面的分布方式对于作品的视觉效果有着很重要的作用。

01 启动Photoshop CS6，然后按Ctrl+N快捷键新建一个"演唱会户外海报设计"文件，具体参数设置如图4-79所示。

02 选择"渐变工具" ，打开"渐变编辑器"对话框，接着设置第1个色标的颜色为（R:0，G:9，B:0）、第2个色标的颜色为（R:64，G:99，B:108），最后为图层填充如图4-80所示的径向渐变色。

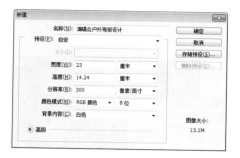

图4-79

图4-80

03 执行"滤镜>滤镜库"菜单命令,打开"滤镜库"对话框,然后在"素描"滤镜组下选择"水彩画纸"滤镜,接着设置"纤维长度"为21、"亮度"为59、"对比度"为73,效果如图4-81所示。

图4-81

04 新建"图层1"图层,然后使用"钢笔工具" 绘制出不规则路径,接着按Ctrl+Enter快捷键将路径转换为选区,并使用白色填充选区,效

果如图4-82所示。

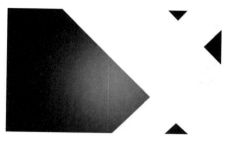

图4-82

05 执行"图层>图层样式>投影"菜单命令,打开"图层样式"对话框,然后设置"不透明度"为55%、"距离"为26像素、"大小"为21像素,如图4-83所示。

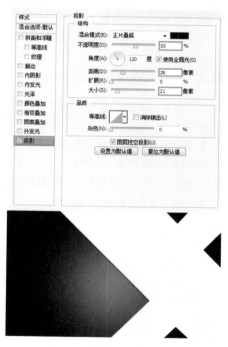

图4-83

06 打开学习资源中的"素材文件>CH04>素材12.jpg"文件,然后使用"移动工具" 将其拖曳到当前文档中,如图4-84所示,接着设置"人物"图层的"混合模式"为"正片叠底",最后按下Ctrl+Alt+G快捷键创建剪贴蒙版,效果如图4-85所示。

图4-84

图4-85

4.5.2 制作效果

在同一画面上设置不同的图层特效，以达到较好的视觉效果。

01 新建"图层2"图层，然后设置前景色为（R:147，G:35，B:83），接着使用"钢笔工具" 绘制出路径，最后按Ctrl+Enter快捷键将路径转换为选区，并使用前景色填充选区，如图4-86所示。

图4-86

02 设置"图层2"的"混合模式"为"颜色"、"不透明度"为"52%"，效果如图4-87所示。

03 新建"图层3"图层，然后设置前景色为（R:32，G:94，B:228），接着使用"钢笔工具" 绘制出路

径，最后按Ctrl+Enter快捷键将路径转换为选区，并使用前景色填充选区，如图4-88所示。

图4-87

图4-88

04 设置"图层3"的"混合模式"为"线性减淡（添加）"、"不透明度"为"50%"，效果如图4-89所示。

图4-89

05 新建"图层4"图层，然后设置前景色为（R:30，G:39，B:102），接着使用"钢笔工具" 绘制出路径，最后按Ctrl+Enter快捷键将路径转换为选区，并使用前景色填充选区，如图4-90所示，再设置"混合模式"为"差值"，效果如图4-91所示。

图4-90

图4-91

06 新建"图层5"图层，然后设置前景色为（R:42，G:17，B:212），接着使用"钢笔工具"✐绘制出路径，最后按Ctrl+Enter快捷键将路径转换为选区，并使用前景色填充选区，如图4-92所示，设置"混合模式"为"色相"，如图4-93所示。

图4-92

图4-93

4.5.3 添加文字

户外广告设计要求字体要稍大，以使效果更加突出。

01 选择"横排文字工具"Ｔ，然后在如图4-94所示的位置输入相应的文字信息。

图4-94

02 新建一个图层，然后使用"矩形选框工具"▦绘制一个矩形选区，并使用白色填充选区，接着设置前景色为（R:250，G:126，B:33），再使用"矩形选框工具"▦绘制一个矩形选区，并填充前景色，如图4-95所示。

图4-95

03 使用"横排文字工具"Ｔ输入相应的文字信息，如图4-96所示。

图4-96

04 选择"直线工具" ✓，然后在选项栏中设置"描边"为白色、形状描边宽度为1.33点，接着在描边类型的面板中选择虚线，最后在画面的中下方绘制虚线，如图4-97所示。

图4-97

05 选择"多边形工具" ⬡，然后在选项栏中设置"填充"为（R:112，G:53，B:110）、"边"为20，接着在画面的中间绘制多边形，如图4-98所示。

图4-98

06 执行"图层>图层样式>投影"菜单命令，打开"图层样式"对话框，然后设置"距离"为9像素、"大小"为16像素，效果如图4-99所示。

07 选择"横排文字工具" T，然后打开"字符"面板，接着设置"字体样式"为Pump Demi Bold LET，并选择"仿粗体"按钮 T，最后输入相应的文字信息，再进行适当的旋转，最终效果如图4-100所示。

图4-99

图4-100

4.6 课后习题

　　本课课后习题与本课内容相呼应，准备的都是海报的练习，目的是帮助读者巩固本课所学知识，使读者能够熟练地运用各种工具绘制海报，同时掌握良好的构图和审美技巧。

📝 课后习题　男装户外海报设计

» 实例位置　实例文件>CH04>4.6>男装户外海报设计.psd
» 素材位置　素材文件>CH04>素材13.jpg
» 视频名称　课后习题：男装户外海报设计
» 技术掌握　运用颜色对比强烈的文字填充画面

本习题设计的是一张男装户外海报。在以人物为主要设计元素进行设计时，考验的是设计师如何使用色彩以及字体，因为这样才能将人物完美地呈现出来。在这幅设计作品中，将人物进行了黑白的处理，字体选用了冷色调的蓝色和暖色调的黄色，产生了冷暖的对比，而文字的前后排列也增强了层次感，效果如图4-101所示。

第1步： 灵活运用通道属性，抠出人物图像，如图4-102所示。

图4-101　　　　　　图4-102

第2步： 使用"钢笔工具" ✐绘制色块，然后输入相关文字信息，并选择合适的字体，如图4-103所示。

第3步： 选择合适的颜色并制作出镂空效果的字体，效果如图4-104所示。

图4-103　　　　　　图4-104

📝 **课后习题** 蔬菜海报设计

» 实例位置　实例文件>CH04>4.7>蔬菜海报设计.psd
» 素材位置　素材文件>CH04>素材14.png、素材15.png、素材16.jpg、素材17.png
» 视频名称　课后习题：蔬菜海报设计
» 技术掌握　调整图像的色彩饱和度

本习题设计的是蔬菜海报，明亮的绿色是主色调，再添加一些蔬菜素材，体现出了产品的健康和绿色，效果如图4-105所示。

图4-105

第1步： 制作绿色渐变背景，然后添加相关的素材，并更改图层混合模式，使素材与背景相融合，如图4-106所示。

图4-106

第2步： 输入文字信息完善画面，设置合适的字体和大小，如图4-107所示。

图4-107

第3步：导入水果和蔬菜图片，然后调整色彩饱和度，使产品显得更加有吸引力，效果如图4-108所示。

图4-108

4.7 本课笔记

第 5 课

杂志与报纸广告设计

杂志广告和报纸广告都是通过刊物进行宣传，两者均以文字和图片为主要内容进行设计，最终通过不同材质的纸张展示出来。本课将结合杂志与报纸的特征讲解广告设计制作方法。

学习要点

» 杂志版式的用字　　　　　» 杂志内页版式设计手法

» 杂志版式中的图形排列　　» 报纸广告设计基础知识

5.1　了解杂志内页设计

　　杂志内页设计属于版式设计范围，所谓版式设计，就是在版面上将有限的视觉元素进行有机的排列组合，将信息个性化地表现出来，是一种具有艺术特色的视觉传达方式。在传达信息的同时，给人以美感。

5.1.1　以文字为主的版式设计

　　在版式设计中，文字不仅承载着信息传达的功能，更是一种艺术表现的载体。

1.字体、字号、字距与行距

　　字体的设计、选用是排版设计的基础。通常，选择两到三种字体可呈现较好的视觉效果。字号是表示字体大小的术语。字距与行距的把握是设计师设计品位的直接体现。行距常规比例为：用字8点，行距则为10点，即8:10。但对于一些特殊的版面来说，将字距与行距加宽或缩紧，更能体现主题的内涵。

2.编排形式

　　文字的编排形式多种多样，大致可以分为以下几种。

　　左右齐整，横排也可竖排；左齐、右齐或居中编排；文图穿插、自由编排、突出字首等。

3.标题与正文的编排

　　标题在版面中起画龙点睛、引人注目的作用。标题的位置、字体、大小、形状和方向，直接关系到整个版面的艺术风格。

4.文字编排的特殊表现

　　形象字体：形象字体是依据文字的字义或一个词组所包含的内容而进行艺术创造的字体，如图5-1所示。

图5-1

　　图文叠印：将文字印在图形或图片上的一种版式，不在乎易读性，只追求层次的丰富，如图5-2所示。

图5-2

　　群组编排：将文字放在正方形、长方形或具象的形状中的排版形式，如图5-3所示。

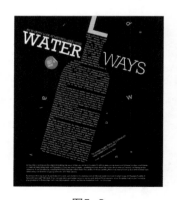

图5-3

5.1.2 以图形为主的版式设计

图形在排版设计中占有很大的比重，它具有强于文字的视觉冲击力，能够形象、准确地传达信息。与图形有关的版式设计内容包括图形的位置、面积、方向、形式和编排等。

1.图形的位置

图形放置的位置，直接关系到版面的构图和布局。

2.图形的面积

图形面积的大小，直接关系到版面的视觉传达效果。一般情况下，把重要的、需要引起读者注意的图形放大，从属的图形缩小，形成主次分明的格局，如图5-4所示。

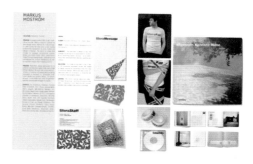

图5-4

3.图形的数量

图形的数量可影响读者的阅读兴趣。如图5-5所示，这是一本以图为主的画册，精美的照片可以吸引读者的阅读兴趣。

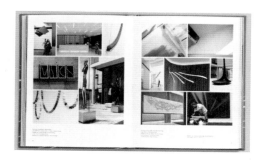

图5-5

4.图形的创意编排

图形的创意编排形式应尽量体现设计者所要传达的信息，尽可能地服务于所要表达的内容。通过有意识的安排，使版面更有新意和创造性，从而使整个画面富有趣味性，使其更能吸引人、打动人，如图5-6所示。

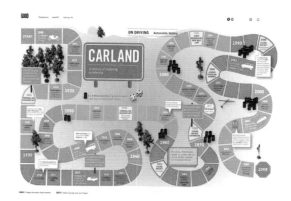

图5-6

5.1.3 图文并重的版式设计

图片和文字并重的版式，可以根据要求采用图文分割、对比、混合的形式进行设计。设计时要注意版面空间的强化以及疏密节奏的分割，如图5-7所示。

图5-7

5.1.4 杂志版式设计手法

一本杂志，想要体现丰富的内容，必然会添加多种要素。但是如果无限地扩充内容，会令杂志不堪重负，因为版面空间是有限的。那么，运用哪些设计手法，可以使杂志版面看上去美观大方呢？

1.主题形象化

在进行版式设计构思时，要注意将主题形象化，目的是在变化中求得统一，并进一步深化主题形象。

2.版块分割

版块分割是指将版面按一定的组合方式进行块面的分割。分割对象可以是文字，也可以是图形，还可以将文字和图形结合起来。这种设计手法具有多样化的特点，打破了单一的版面形式，活泼又不失整体感。注意布局要合理，标题与文字版块要左右呼应、高低顾盼，图文分布要疏密有致，如图5-8所示。

图5-8

3.以订口为轴对称

内页摊开后，将左右两面，即双码与单码两面当成一面来设计，可使版面更加大气，给读者带来新鲜感和刺激感。以订口为轴的对称版式，外分内合，张敛有致，或造成版面、开本的扩张，或加强向心力的聚散，如图5-9所示。

图5-9

4.大胆留白

恰当、合理地留出空白，能传达设计者高雅的审美情趣，还可以打破死板呆滞的常规惯例，使画面通透、开朗、跳跃、清新，让读者在视觉上产生轻松、愉悦的感受，如图5-10所示。当然，要把握好度，过多的空白若没有呼应和过渡，就会造成版面的空而乏。

图5-10

5.版式图形化

通过对画幅大小规格的变化，使版面呈现丰富的画面感，再结合文字，整体形成一种有序或无序的变化，节奏感及整体感都很强，如图5-11所示。

图5-11

5.2 报纸广告设计基础知识

报纸广告作为报纸内容的一部分，必须体现其所服务的行业的特点。同时，这些带有不同行业特色的广告也丰富了整个报纸的版面。

5.2.1 选择图片的原则

现在是读图时代。从传播学的角度来说，图形的传播速度要快于文字的传播速度。在当今快节奏的社会生活中，人们更乐意接受图形所传播的信息。在这种思想指导下，有的版面设计者在图片运用时出现了舍本逐末的现象——弱化信息传播功能，强化版面美化功能，即在版面上大量堆砌图片，有时这样会适得其反。因此，对于报纸广告使用的图片，要注意以下几点。

1.重质量，精挑选

选择图片时，不能单纯追求版面的美观而不考虑图片内容是否符合见报要求，或者降低对图

片画面质量的要求。对于广告客户提供的或者要求见报的图片也不能简单接受，要看其图片内容是否符合见报要求，其画面质量是否符合印刷要求，如图5-12所示。

图5-12

2.要注重图片与内容相结合

不能为了使版面看上去"图文并茂"，而把不相干、不协调、信息相左或情感殊异的图文强行组合在一起，导致版面思想混乱，使读者无法从中获得一致的信息和感受，因此，要使图片与文字信息相对应，如图5-13所示。

图5-13

3.要有法律意识

有时，需要找一些配图来美化版面，但要注意避免给报纸带来肖像权和版权方面的法律纠纷。

5.2.2 色彩的使用

随着时代的进步，黑白报变成了彩色报。色彩

的运用日趋流行。一些设计者甚至认为，版面上仅有彩色图片，色彩还不够丰富，版面还不够靓丽，于是在标题上套彩，在框线上套彩，甚至在文字上铺彩底。有时，一个版面上赤、橙、黄、绿、青、蓝、紫，什么颜色都有，虽然色彩斑斓，但却把版面所要体现的思想给淹没了，如图5-14所示。

图5-14

其实，色彩的运用不在于多而在于合理。首先，色彩有冷、暖之分，切忌混杂。每张报纸都应该有自己的主色调体系。其次，色彩有感情倾向。版面的色彩是一种版面语言，它可向读者传递版面编辑及设计者的思想感情。

因此，色彩切不可随意乱用，要充分考虑整个版面的主题思想，运用与主题思想相关、能表达主题思想的色调。同一个版面上，色彩的运用要考虑是否与主色调过于冲突，不同色块的面积大小是否影响主色调等，如图5-15和图5-16所示。

图5-15

图5-16

5.2.3 风格与载体结合

报纸广告在拥有自己一定特征的同时，也应与报纸整体版面风格保持一致，如图5-17所示。否则，随着各种广告类别的增加，报纸的总体定位就会被风格各异的广告专栏所影响。

图5-17

5.2.4 注重字体的易识别性

在报纸版面设计中，整个版面以选择两到三种字体为宜，要做到避繁就简，易读易懂。否则，会显得凌乱而缺乏整体效果。对选用的字体进行加粗、变细、拉长、压扁或以调整行距来变化字体大小就能产生丰富多彩的视觉效果。同时，一定要考虑文字的传播功能，其大小、清晰度都要符合方便阅读的基本要求，如图5-18所示。

图5-18

5.2.5 熟悉印刷知识

了解报纸印刷知识是报纸版面设计者的基本功。由于印刷设备、技术、油墨、纸张、光线等原因，计算机上显示的设计稿与实际的输出效果会有一定差距。因此，懂印刷的设计者在设计版面时就会考虑这些因素，他们会在符合印刷要求的前提下充分表达自己的设计理念。如果设计者不熟悉报纸印刷的特性与缺陷，那么其设计理念和风格是不能得以完美展现的。

图5-19

5.3 艺术杂志内页设计

» 实例位置　实例文件>CH05>5.3>艺术杂志内页设计.psd
» 素材位置　素材文件>CH05>素材01.psd
» 视频名称　艺术杂志内页设计
» 技术掌握　艺术杂志版式编排

⊙ 设计思路指导

第1点：选择有艺术气息的图片作为主图。

第2点：文字信息应适当简洁，而且要有重点。

第3点：选择比较有创意的版式，尽量体现设计者所要传达的信息，尽可能地服务于所要表达的内容，通过有意识的安排，使版面更有新意和创造性。

第4点：图片以不同大小来呈现，结合文字，使整体形成一种有序或无序的变化，产生节奏感。

第5点：可以适当留白。

⊙ 案例背景分析

本案例设计的是艺术杂志内页，其中图形所占面积的大小，关系到版面的视觉传达效果。一般情况下，把重要的、需要引起读者注意的图形放大，把从属的图形缩小，形成主次分明的格局。采用多样化的版面形式，让画面具有强于文字的视觉冲击力，效果如图5-19所示。

5.3.1 制作背景图片

绘制多个色块，对画面进行分割。

01 启动Photoshop CS6，然后按Ctrl+N快捷键新建一个"艺术杂志内页设计"文件，具体参数设置如图5-20所示。

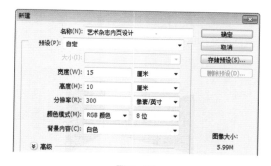

图5-20

02 新建"图层1"，然后使用"钢笔工具" 绘制出如图5-21所示的路径，接着按Ctrl+Enter快捷键载入路径的选区，最后按Alt+Delete快捷键用黑色填充选区，效果如图5-22所示。

图5-21

图5-22

03 新建一个图层,然后使用相同的方法绘制出如图5-23所示的图形。

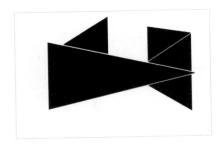

图5-23

04 设置前景色为(R:3,G:204,B:196),然后使用"钢笔工具" ✐ 绘制出合适的选区,接着用前景色填充选区,如图5-24所示。

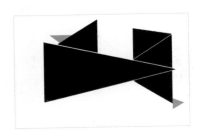

图5-24

05 新建一个图层,然后使用"矩形选框工具" 🔲 绘制一个合适的矩形选区,接着用黑色填充选区,效果如图5-25所示。

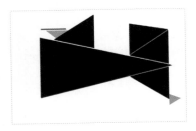

图5-25

06 打开学习资源中的"素材文件>CH05>素材01.psd"文件,然后将其中的图层分别拖曳到"艺术杂志内页设计"操作界面中,接着根据图层内容将不同的素材图层设置为对应三角形图层的剪贴蒙版,效果如图5-26所示。

图5-26

5.3.2 完善整体排版

添加一些线条和符号装饰元素,使画面显得更加精致。

01 设置前景色为(R:248,G:119,B:12),然后新建一个图层,使用"椭圆选框工具" 🔘 绘制出一个椭圆选区,并填充前景色,接着按住Shift+Alt快捷键复制出一个图形,再复制出多个这样的圆形图案,效果如图5-27所示。

02 按Ctrl+E快捷键合并所有的圆形图层,然后使用"钢笔工具" ✐ 绘制出三角形路径,接着将路径转化为选区,再按Ctrl+J快捷键复制出三角形选区的内容,如图5-28所示,最后将图形移动到合适的位置,效果如图5-29所示。

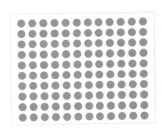

图5-27　　　　　　图5-28

图5-29

03 使用"钢笔工具" 绘制出其他的线条和三角形装饰图案，如图5-30所示。

图5-30

04 使用"横排文字工具" （字体大小、颜色和样式可根据实际情况而定）在绘图区域中输入文字信息，最终效果如图5-31所示。

图5-31

5.4 时尚杂志内页设计

» 实例位置　实例文件>CH05>5.4>时尚杂志内页设计.psd
» 素材位置　素材文件>CH05>素材02.jpg~素材07.jpg、素材08.png
» 视频名称　时尚杂志内页设计
» 技术掌握　时尚杂志的表现手法和色彩运用

⊙ 设计思路指导

第1点：时尚杂志的图片和文字信息通常比较多，可以根据要求，采用图文分割、对比、混合的形式进行设计。

第2点：文字内容在版式上要统一，以免引起阅读混乱。

第3点：色彩搭配上要选择较亮的颜色，与时尚二字接轨。

第4点：适当运用装饰元素丰富杂志版面。

⊙ 案例背景分析

本案例设计的是时尚杂志内页，采用图文并重的版式，构图空间呈现疏密有序的节奏感，桃红色和黑色的搭配让整个画面具有冲击力；版面按一定的组合方式进行块面的分割，文字和图形结合起来运用，其形式多样化，打破了单一的版面，活泼又不失整体性，效果如图5-32所示。

图5-32

5.4.1 制作装饰矢量图形

01 启动Photoshop CS6，然后按Ctrl+N快捷键新建一个"时尚杂志内页设计"文件，具体参数设置如图5-33所示。

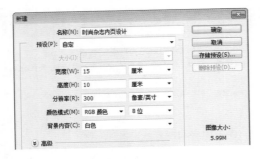

图5-33

02 为背景图层填充黑色，如图5-34所示。

图5-34

03 单击"钢笔工具" ✐，然后设置"绘图模式"为形状、"填充"为"无"、"描边"为（R:237，G:114，B:191），选择描边选项为虚线，接着在画面中绘制出如图5-35所示的虚线。

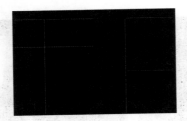

图5-35

04 设置前景色为（R:237，G:114，B:191），然后使用"钢笔工具" ✐绘制出合适的选区，接着使用前景色填充选区，效果如图5-36所示。

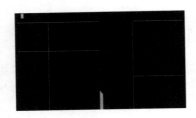

图5-36

05 使用"横排文字工具" T在绘图区域中输入文字信息，然后使用"矩形选框工具" 🔲绘制出矩形选区并填充颜色，效果如图5-37所示。

图5-37

06 使用"钢笔工具" ✐绘制一条如图5-38所示的装饰线。

图5-38

07 设置前景色为（R:237，G:114，B:191），然后使用"钢笔工具" ✐绘制出合适的选区，接着用前景色填充选区，如图5-39所示，最后设置前景色为白色，使用"钢笔工具" ✐绘制出如图5-40所示的图形。

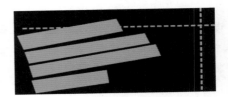

图5-39

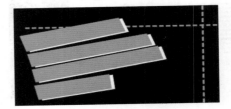

图5-40

08 使用相同的方法绘制出如图5-41所示的图形。

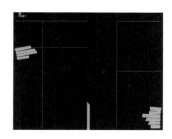

图5-41

09 导入学习资源中的"素材文件>CH05>素材02.jpg~素材05.jpg"文件，然后调整图片的位置和大小，效果如图5-42所示。

图5-42

5.4.2 文字排版

时尚杂志的文字内容通常较多，注意在排列时要突出标题，正文文字要规范排列。

01 使用"文字工具" T 在绘图区域中输入文字信息，并对文字的字体、颜色、大小等进行调整，效果如图5-43所示。

图5-43

02 使用"钢笔工具" ✍ 绘制出三角形装饰元素，以丰富画面的效果，效果如图5-44所示。

03 导入学习资源中的"素材文件>CH05>素材06.jpg、素材07.jpg和素材08.png"文件，然后将其分别移动到适当的位置，如图5-45所示。

图5-44

图5-45

04 选择最上面的人物素材图层，然后执行"图层>图层样式>描边"菜单命令，打开"图层样式"对话框，接着设置"大小"为5像素、描边颜色为（R:237，G:114，B:191），具体参数设置如图5-46所示，最终效果如图5-47所示。

图5-46

图5-47

5.5 钻石报纸广告设计

- » 实例位置　实例文件>CH05>5.5>钻石报纸广告设计.psd
- » 素材位置　素材文件>CH05>素材09.jpg、素材10.png
- » 视频名称　钻石报纸广告设计
- » 技术掌握　质感画面的调色方法

⊙ 设计思路指导

第1点：用高质量的图片体现产品的质感。

第2点：只添加必要的文字说明，避免烦琐。

第3点：标志图形一般与商品名称放在同一个位置。

第4点：整体设计应遵循简洁大方的原则，确保画面高端大气。

⊙ 案例背景分析

本案例设计的是一款钻石报纸广告，不同的产品有不同的表现方式，钻石为高端消费产品，其设计也应该追求高档次；画面中，文字信息相当简单，但却准确地传递出产品信息和产品定位，不仅突出了钻石的质地，而且给人以高贵华美的视觉感受，效果如图5-48所示。

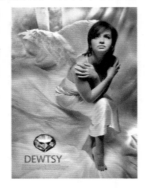

图5-48

5.5.1 图像调色

添加多种调整图层调整画面色彩，使其呈现出高贵质感。

01 打开学习资源中的"素材文件>CH05>素材09.jpg"文件，如图5-49所示。

图5-49

02 在"图层"面板下方单击"创建新的填充或调整图层"按钮 ⬛ ，然后在弹出的菜单中选择"自然饱和度"命令，接着在"属性"面板中设置"自然饱和度"为66、"饱和度"为-86，效果如图5-50所示。

图5-50

03 创建一个"色彩平衡"调整图层，然后在"属性"面板中设置"青色-红色"为30、"洋红-绿色"为10，向图像中加入少许红色和绿色，效果如图5-51所示。

图5-51

05 创建一个"曲线"调整图层，然后在"属性"面板中将曲线调节成如图5-54所示的形状，接着选择"曲线"调整图层的蒙版，使用黑色柔边缘"画笔工具" <!-- icon --> 在图像的中间区域涂抹，只保留对图像4个角的调整，如图5-55所示。

04 创建一个"曲线"调整图层，然后在"属性"面板中将曲线调节成如图5-52所示的形状，接着选择"曲线"调整图层的蒙版，使用黑色柔边缘"画笔工具" <!-- icon --> 在图像的4个角上涂抹，只保留对画面中心的调整，如图5-53所示。

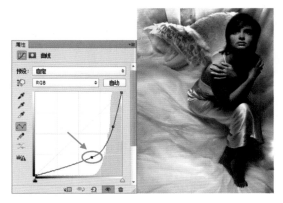

图5-54

图5-52

图5-55

图5-53

提示
这里添加曲线调整图层的目的是突出人物主体，暗化背景，同时制造出光线效果。

5.5.2 制作文字效果

运用图层样式命令制作文字的立体效果。

01 导入学习资源中的"素材文件>CH05>素材10.png"文件，然后将其移动到文件中的合适位置，如图5-56所示。

图5-56

图5-59

02 执行"图层>图层样式>外发光"菜单命令，然后在"图层样式"对话框设置合适的发光颜色，设置"扩展"为27%、"大小"为103像素，效果如图5-57所示。

04 在最上层创建一个"自然饱和度"调整图层，然后在"属性"面板中设置"自然饱和度"为60、"饱和度"为69，如图5-60所示，最后添加一段描述性的小号文字，最终效果如图5-61所示。

图5-57

图5-60

图5-61

03 使用"横排文字工具" T. 在画面上输入文字信息，如图5-58所示，然后执行"图层>图层样式>斜面和浮雕"菜单命令，接着在"图层样式"对话框里设置"大小"为3像素，效果如图5-59所示。

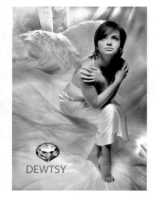

图5-58

> 提示
> 整体调整后的画面较亮，同时偏暖色调，和产品的效果相匹配。

5.6 课后习题

　　了解了杂志与报纸广告设计的知识和案例的操作技巧后，熟练运用相关知识进行实际操作是我们的目的。无论杂志还是报纸，均以文字和图片为基本元素进行编排设计，下面的习题可以帮助读者巩固这方面知识。

» 实例位置　实例文件>CH05>5.8>矿泉水报纸广告设计.psd
» 素材位置　素材文件>CH05>素材11.png、素材12.jpg、素材13.png、素材14.png、素材15.jpg
» 视频名称　课后习题：矿泉水报纸广告设计
» 技术掌握　运用图层蒙版让不同元素自然融合在一起

本习题设计的是一款矿泉水报纸广告，运用丰富的自然元素和绿色的渐变背景营造图像的清新感，突出矿泉水的环保、自然的主题，效果如图5-62所示。

图5-62

第1步：绘制一个渐变背景，然后添加矿泉水素材，如图5-63所示。

图5-63

第2步：为产品合成一个简单的环境。导入山、水和天空素材，然后添加图层蒙版进行涂抹，使其衔接自然，如图5-64所示。

图5-64

第3步：使用"钢笔工具" ✍ 绘制叶子形状的标志，然后完善文字信息，最终效果如图5-65所示。

图5-65

» 实例位置　实例文件>CH05>5.9>杂志封面广告设计.psd
» 素材位置　素材文件>CH05>素材16.jpg、素材17.jpg
» 视频名称　课后习题：杂志封面广告设计
» 技术掌握　结合渐变工具和图层蒙版制作人物渐变效果

本习题设计的是一款杂志封面广告，以人物为主体，使用图层蒙版制作出人物绚丽的头发色彩，然后输入文字信息，并添加合适的图层样式，使效果更加突出，如图5-66所示。

图5-66

图5-67

第1步：为头发上色，填充一个黄色到红色的渐变图层，然后设置"混合模式"为"柔光"，接着使用画笔涂抹掉头发外的区域，如图5-67所示。

第2步：输入文字信息，然后为标题添加一点儿投影效果，接着导入条形码完善效果，最终效果如图5-68所示。

图5-68

5.7 本课笔记

第 6 课

DM单设计

DM单能快速地将产品或企业信息一对一地传达给消费群体，为了让受众也能快速地接受信息，DM单的设计显得尤为重要。其设计形式可视具体情况灵活掌握，自由发挥，出奇制胜。本课将讲解不同类型DM单的设计方法和注意事项。

学习要点

» DM单的特点   » DM单的设计要点

» DM单的种类

6.1 了解DM单设计

DM是英文direct mail advertising的简称，直译为"直接邮寄广告"，即通过邮寄、赠送等形式，将宣传品送到消费者手中。亦可将其表述为direct magazine advertising（直投杂志广告）。

DM是区别于传统广告（报纸、电视、广播、互联网等广告）的新型广告发布模式。传统广告刊载媒体贩卖的是内容，然后把发行量二次贩卖给广告主，而DM则是贩卖直达目标消费者的广告通道。

常见形式有销售函件、商品目录、商品说明书、小册子、名片、明信片以及传单等。

6.1.1 DM单的特点

DM单广告以自身的特点来吸引目标对象，可以达到较好的宣传效果。那么DM单广告有什么样的特点呢？

1.针对性强

DM单与其他媒介的最大区别在于DM单可以直接将广告信息传送给真正的受众，这使其可以有针对性地选择目标对象，对症下药，有效减少了广告资源的浪费，如图6-1所示。

图6-1

2.灵活性好

DM单的设计形式可视具体情况灵活掌握，自由发挥，出奇制胜。它不同于报纸杂志广告，DM广告的广告主可以根据企业或商家的具体情况来选择版面，并可以自行确定广告信息的篇幅及印刷形式，如图6-2所示。

图6-2

3.持续时间长

DM单广告不同于电视广告，它是真实存在的可保存信息，广告受众可以在做出最后决定前反复翻阅，并以此作为参照物来详细了解产品的各项性能指标，如图6-3所示。

图6-3

4.广告效应好

DM单广告是由工作人员直接派发或寄送的，故而广告主在付诸实际行动之前，可以参照人口统计数据和地理区域因素选择受众，以保证最大限度地将广告内容传送给目标对象。与其他媒体的广告不同的是，人们在收到DM广告后更有可能想了解其内容，所以DM广告较其他媒体广告通常能产生更好的广告效应。广告主在发出DM广告之后，可以通过产品销量的变化分析得出广告的投放效果，如图6-4所示。

图6-4

6.1.2 DM单的种类

由于DM单的应用范围广，设计形式灵活，因此其种类也呈现多样化，主要有传单型、册子型和卡片型。

1.传单型

传单型的DM单即单页DM单，主要用于商品促销或新产品上市、新店开张等具有强烈时效性的事件的宣传，属于促销强心针。其尺寸、形式灵活，设计要求以凸显宣传内容为主，如图6-5所示。

图6-5

2.册子型

册子型的DM单主要用于企业文化的宣传以及企业产品信息的详细介绍，一般由企业直接邮寄给相应产品的目标消费群，或赠予购买其产品的消费者，用以加深用户对企业的认识，塑造企业的形象，同时也对企业旗下相关联的产品进行了介绍和发布，如图6-6所示。

图6-6

该类型的DM单设计简洁、色块分明，便于阅读，对企业形象和产品信息起到了宣传作用。

3.卡片型

卡片型的DM单设计形式新颖多变，制作最为精细，一般以邮寄、卖场展示等方式呈现，用于塑造企业形象或宣传产品信息，有时还会在一些节假日或特殊的日子出现，起到辅助促销的作用，如图6-7所示。

图6-7

6.1.3 DM单的设计要点

（1）要了解商品，熟知消费者的心理特点和规律。

（2）设计要新颖有创意，印刷要精致美观，以吸引消费者的眼球。

（3）要充分考虑其折叠方式、尺寸大小和实际重量，以便于邮寄。

（4）设计形式可视具体情况灵活掌握，自由发挥，出奇制胜。

（5）图片方面，多选择与所传递信息有强烈关联的图片。

6.2 冰激凌DM单设计

- » 实例位置　实例文件>CH06>6.2>冰激凌DM单设计.psd
- » 素材位置　素材文件>CH06>素材01.psd
- » 视频名称　冰激凌DM单设计
- » 技术掌握　运用单色调和创意版式表现产品特色

⊙ 设计思路指导

第1点：将体现产品特色的图片作为视觉表现点。

第2点：布局要合理，素材图像和文字要搭配得当。

第3点：版式灵活，富有设计感。

第4点：选择与产品风格相符的色调。

第5点：文字信息要明确，要突出重点。

⊙ 案例背景分析

本案例设计的是冰激凌DM单，在视觉设计中，人们看到不同的颜色，往往就会产生不同的联想，例如，褐色让人联想到咖啡或者巧克力，绿色让人联想到环保或者健康等。而冰激凌给人一种甜蜜和浪漫的感觉，所以使用紫色作为该作品的主色调。颜色艳丽且给人甜蜜感的冰激凌在紫色的衬托下更能勾起人们的品尝欲望。所以说，想将一个物品完美地表现出来，并且拥有良好的视觉效果，就要选择合适的素材，并理解色彩的真正含义，本例效果如图6-8所示。

图6-8

6.2.1 绘制基本图形

页面的版式决定了设计作品的风格。

01 启动Photoshop CS6，然后按Ctrl+N快捷键新建一个"冰激凌DM单设计"文件，具体参数设置如图6-9所示。

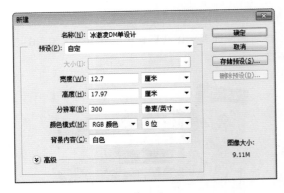

图6-9

02 设置前景色为（R:266，G:243，B:214），然后按Alt+Delete快捷键填充"背景"图层，效果如图6-10所示。

03 使用"钢笔工具"  绘制出多个三角形，并使用白色填充路径，效果如图6-11所示。

图6-10　　　　　　图6-11

04 使用"钢笔工具"  在画面上方绘制出一个三角形，并将路径转换为选区，如图6-12所示。

图6-12

> **提示**
> 在绘制三角形的时候，要注意分别建立新的图层，保证每个图形处于单独的图层。

05 在"背景"图层的上方新建一个图层，然后打开"渐变编辑器"对话框，接着设置第1个色标的颜色为（R:2，G:36，B:82）、第2个色标的颜色为（R:81，G:76，B:163），最后从左向右为选区填充线性渐变色，效果如图6-13所示。

06 使用相同的方法为画面下方的图形选区填充渐变色，效果如图6-14所示。

图6-13　　　　　　图6-14

6.2.2　添加素材

在确定了作品的色调后，选择图片的色调将是至关重要的一步，如何在软件中处理图片也是很考验设计师基本功的。

01 打开学习资源中的"素材文件>CH06>素材01.psd"文件，然后将其中的图层分别拖曳到"冰激凌DM单设计"操作界面中，接着根据素材内容将不同的素材图层设置为对应图层的剪贴蒙版，效果如图6-15所示。

02 在"图层"面板的下方单击"创建新的填充或调整图层"按钮 ◙ ，然后在弹出的菜单中选择"亮度/对比度"命令，接着在"属性"面板中设置"对比度"为33，效果如图6-16所示。

图6-15　　　　　　图6-16

> **提示**
> 在选择图像时，我们会发现所有图片的色调都跟设计作品中的紫色调有关联性。

6.2.3 添加文字信息

文字的大小以及分布风格决定了一个作品的风格。

01 选择"横排文字工具" T.，然后打开"字符"面板，接着设置"字体样式"为222-CAI978，在如图6-17所示的位置输入相应的文字信息。

02 使用"横排文字工具" T.在画面中输入文字信息，效果如图6-18所示。

图6-17　　　　　　　　图6-18

03 新建一个图层，然后使用"矩形选框工具" □ 绘制一个长条形的选框，接着使用前景色填充选区，效果如图6-19所示。

04 按Ctrl+J快捷键复制一个副本图层，然后执行"编辑>变换>旋转90度（顺时针）"菜单命令，并将其调整到合适的位置，效果如图6-20所示。

图6-19　　　　　　　　图6-20

05 选择"横排文字工具" T.，然后在画面中输入其他文字信息，如图6-21所示。

06 选择"自定形状工具" ，然后在选项栏中单击"形状图层"按钮 形状:，接着选择"形状"右侧的"点按可打开自定形状拾色器"按钮 ，选择"猫"图形，如图6-22所示，最后在绘图区域中绘制出图形，最终效果如图6-23所示。

 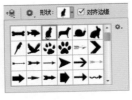

图6-21　　　　　　　　图6-22

图6-23

6.3 房地产DM单设计

» 实例位置　实例文件>CH06>6.3>房地产DM单设计.psd
» 素材位置　素材文件>CH06>素材02.psd~素材05.psd、素材06.png
» 视频名称　房地产DM单设计
» 技术掌握　运用渐变工具和混合模式制作夜景画面

⊙ 设计思路指导

第1点：房地产DM单设计要求华丽美观，视觉效果引人注目。

第2点：单页广告要求文字简要且精准地概括出商品的主要信息。

第3点：合理安排活动详情、产品介绍和服务介绍等内容。

第4点：可以根据受众的消费需求，提供一些商品以外的生活信息。

⊙ 案例背景分析

本案例设计的是房产公司的DM单，明确针对房地产进行宣传，其设计简洁、色块分明，便于阅读，对房地产形象和产品信息起到了良好的宣传效果，如图6-24所示。

图6-24

6.3.1 绘制主题图像

选取与房地产相关的素材制作主体画面。

01 启动Photoshop CS6，然后按Ctrl+N快捷键新建一个"房地产DM单设计"文件，具体参数设置如图6-25所示。

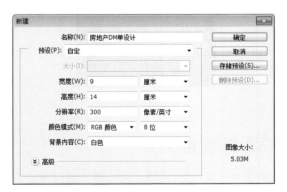

图6-25

02 新建"图层 1"，然后选择"渐变工具" ▦ ，打开"渐变编辑器"对话框，接着设置第1个色标

的颜色为（R:1，G:3，B:13）、第2个色标的颜色为（R:32，G:51，B:75），最后从上往下为该图层填充线性渐变色，效果如图6-26所示。

图6-26

03 新建"图层 2"，然后使用相同的方法和合适的颜色为该图层制作图6-27所示的渐变效果，接着按Ctrl+T快捷键进入自由变换状态，调整图像至合适的大小，最后为该图层添加一个图层蒙版，并使用"渐变工具" ▦ 在蒙版中从上往下填充黑色到透明的线性渐变色，效果如图6-28所示。

图6-27　　　　　　　　图6-28

04 打开学习资源中的"素材文件>CH06>素材02.psd"文件，然后将其中的图层分别拖曳到"房地产DM单设计"操作界面中，并依次放到合适的位置，接着将新生成的图层分别更名为"建筑

1"图层和"建筑2"图层,效果如图6-29所示。

图6-29

05 打开学习资源中的"素材文件>CH06>素材03.psd"文件,然后将其中的图层分别拖曳到"房地产DM单设计"操作界面中,并依次放到合适的位置,接着设置这些图层的"混合模式"为"颜色减淡",效果如图6-30所示。

图6-30

06 打开学习资源中的"素材文件> CH06>素材04.psd"文件,然后将其中的图层分别拖曳到"房地产DM单设计"操作界面中,并依次放到合适的位置,最后将新生成的图层分别更名为"星星"图层、"月亮"图层和"云"图层,效果如图6-31所示。

07 新建一个图层,然后使用"矩形选框工具"🔲绘制出合适的选区,接着打开"渐变编辑器"对话框,编辑出合适的渐变色,再为选区填充如图6-32所示的丝带效果,最后运用同样的方法绘制出其他丝带效果,如图6-33所示。

图6-31

图6-32

图6-33

6.3.2 完善文字

01 单击"横排文字工具"🔤,然后在绘图区域中输入文字信息,接着为文字添加"渐变叠加"图层样式,编辑出合适的渐变色,效果如图6-34所示。

02 新建一个"组 1"，然后选择"圆角矩形工具"，接着在选项栏中设置"填充颜色"为白色、"描边"为"无颜色"、"半径"为6像素，最后绘制出如图6-35所示的圆角矩形。

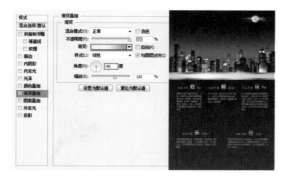

图6-34

图6-35

03 按Ctrl+J快捷键复制出4个副本图层，然后按Shift键选中所有圆角矩形，接着在选项栏中单击"水平居中分布"按钮，最后选择"组 1"，按Ctrl+J快捷键复制出一个副本图层，并移动到合适的位置，效果如图6-36所示。

04 打开学习资源中的"素材文件>CH06>素材05.psd"文件，然后将其中的图层分别拖曳到"房地产DM单设计"操作界面中，接着根据图层内容将不同的素材图层设置为对应圆角矩形图层的剪贴蒙版，效果如图6-37所示。

图6-36　　　　　　　图6-37

05 导入"素材文件>CH06>素材06.png"文件，然后将其移动到画面中的合适位置，如图6-38所示，接着使用"横排文字工具"在绘图区域中输入文字信息，效果如图6-39所示。

图6-38　　　　　　　图6-39

06 执行"图层>图层样式>渐变叠加"菜单命令，打开"图层样式"对话框，然后单击"点按可编辑渐变"按钮，并设置第1个色标的颜色为（R:266，G:243，B:212）、第2个色标的颜色为（R:196，G:169，B:77），接着设置"角度"为-90°，具体参数设置如图6-40所示，最终效果如图6-41所示。

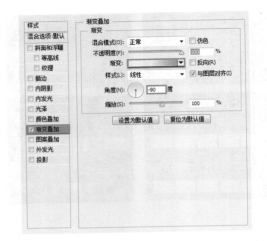

图6-40

图6-41

6.4 婚礼三折页设计

» 实例位置　实例文件>CH06>6.4>婚礼三折页设计.psd
» 素材位置　素材文件>CH06>素材07.jpg、素材08.png、素材09.jpg
» 视频名称　婚礼三折页设计
» 技术掌握　运用简单的对比色制作高档折页

⊙ 设计思路指导

第1点：体现活动主题和服务主题。

第2点：设计风格要和主题相符合。

第3点：要充分考虑三折页的折叠方式和尺寸。

第4点：颜色不宜过多，以免太过花哨而降低档次。

⊙ 案例背景分析

本案例制作的是一款婚礼三折页（文案为虚拟的，实际制作时可根据需要进行替换），运用了灰色和粉色的颜色搭配，使整个设计呈现高档的视觉效果；使用了圆形作为主要图形，不仅带有美好的寓意，而且使整个设计呈现丰富的画面感；运用调整图层制作黑白照片背景，使整个设计的气氛神秘而唯美，效果如图6-42所示。

图6-42

6.4.1 划分页面

统一每个页面的色调，并制作大小不同的圆形图案。

01 启动Photoshop CS6，然后按Ctrl+N快捷键新建一个"婚礼三折页设计"文件，具体参数设置如图6-43所示。

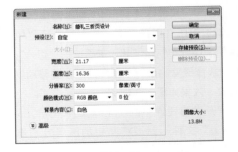

图6-43

02 执行"视图>标尺"命令，然后在显示的标尺区域拉出参考线，把页面平均分成3等份，效果如图6-44所示。

图6-44

03 新建"左侧"图层组，然后在该组下新建一个图层，接着设置前景色为（R:44，G:52，B:65），最后使用"矩形选框工具"绘制出合适的矩形选区，并使用前景色填充选区，效果如图6-45所示。

图6-45

04 新建一个名称为"圆点"的图层，然后使用白色"画笔工具"绘制出如图6-46所示的圆形图像，接着设置该图层的"不透明度"为20%，效果如图6-47所示。

图6-46   图6-47

提示

大小不同的圆形图案可以在画笔面板中设置，也可以下载同类型的笔刷进行绘制。

05 设置前景色为（R:219，G:76，B:110），然后使用"椭圆选框工具"绘制出多个圆形

选区，并使用前景色进行填充，效果如图6-48所示。

06 导入学习资源中的"素材文件>CH06>素材07.jpg"文件，然后将新生成的图层命名为"人像1"图层，接着将"人像1"图层设置为相应圆形图层的剪贴蒙版，效果如图6-49所示。

图6-48   图6-49

6.4.2 添加文字信息

使用合适的字体对设计具有很大的帮助。

01 使用"横排文字工具"输入相应的文字信息，然后调整合适的字体样式和大小，效果如图6-50所示。

02 新建一个图层，然后使用"矩形选框工具"绘制出合适的矩形选区，接着使用粉色填充选区，效果如图6-51所示。

图6-50

图6-51

03 新建"中间"图层组，然后在该组下新建一个图层，接着设置前景色为（R:240，G:240，B:240），最后使用"矩形选框工具"⬚绘制出合适的矩形选区，并使用前景色填充选区，效果如图6-52所示。

图6-52

04 导入学习资源中的"素材文件>CH06>素材08.png"文件，然后将其移动到画面中间的位置，效果如图6-53所示。

图6-53

05 选择"横排文字工具"T，然后在选项栏中设置"字体样式"为Ignis et Glacies Sharp，接着输入文字信息，效果如图6-54所示。

图6-54

06 新建一个图层，然后使用"矩形选框工具"⬚绘制出合适的矩形选区，接着使用暗蓝色填充选区，最后输入其他的文字信息，效果如图6-55所示。

图6-55

07 新建"矩形"图层，然后使用"矩形选框工具"⬚绘制出合适的矩形选区，接着使用粉色填充选区，如图6-56所示，再新建"圆点2"图层，最后使用白色"画笔工具"✎绘制出大小不一的圆点图形，效果如图6-57所示。

08 设置"圆点2"图层的"不透明度"为55%，然后将"圆点2"图层设置为"矩形"的剪贴蒙版，如图6-58所示。

图6-56

图6-57

图6-58

6.4.3 制作黑白图像

运用调整图层将彩色照片制作成黑白效果。

01 新建 "右侧" 图层组，然后导入学习资源中的 "素材文件>CH06>素材09.jpg" 文件，接着将新生成的图层命名为 "人像2" 图层，效果如图6-59所示。

图6-59

02 在 "图层" 面板的下方单击 "创建新的填充或调整图层" 按钮 ，然后为其添加一个默认的 "黑白" 调整图层，接着将该调整图层设置为 "人像2" 的剪贴蒙版，效果如图6-60所示。

图6-60

03 新建一个图层，然后使用 "椭圆选框工具" 绘制两个合适的圆形选区，并使用粉色进行填充，接着调整图层的 "混合模式" 为 "正片叠底"，效果如图6-61所示。

图6-61

提示

因为在制作左侧页面时，已经制作过一个同样的图形，所以也可以直接复制一个图形，然后移动到 "右侧" 图层组中，再调整好图层的位置。

04 使用 "横排文字工具" 输入文字信息，然后在选项栏中设置 "字体样式" 为Goya，并选择 "居中对齐文本" 按钮 ，最终效果如图6-62所示。

图6-62

6.5 食品单页广告设计

» 实例位置　实例文件>CH06>6.5>食品单页广告设计.psd
» 素材位置　素材文件>CH06>素材10.png~素材12.png、素材13.psd、素材14.png、素材15.png
» 视频名称　食品单页广告设计
» 技术掌握　选择合适的颜色和文字制作食品宣传单

⊙ **设计思路指导**

第1点：设计时要透彻了解商品，熟知消费者的心理特点和规律。

第2点：设计思路要新颖，印刷要精致美观，以吸引更多的眼球。

第3点：单页广告的设计形式可以根据具体情况灵活掌握。

第4点：文案内容在广告设计中有着非常重要的作用。

第5点：以绿色为主色，然后选择比较鲜艳的颜色进行搭配，以提高产品的吸引力。

⊙ 案例背景分析

本案例制作的是一款食品宣传单，运用了具有纹理质感的背景，又添加了一些具有健康元素的食物素材，同时运用对比原则进行文字的排版设计，将文字按照圆形图像的外形来摆放，使作品整体风格简洁大方，效果如图6-63所示。

图6-63

6.5.1 寻找合适的背景

选择具有纹理质感的背景，提升整个作品的视觉效果。

01 导入学习资源中的"素材文件>CH06>素材10.png"文件，效果如图6-64所示。

02 导入学习资源中的"素材文件>CH06>素材11.png"文件，效果如图6-65所示。

图6-64

图6-65

03 导入学习资源中的"素材文件>CH06>素材12.png"文件，然后将"生菜"图层移动到"食物"图层的下方，接着执行"图层>图层样式>内阴影"菜单命令，打开"图层样式"对话框，最后设置"混合模式"为"叠加"、阴影颜色为白色、"不透明度"为80%、"距离"为5像素、"大小"为25像素，如图6-66所示。

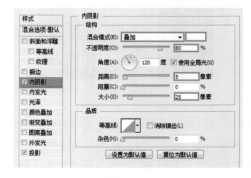

图6-66

04 在"图层样式"对话框中单击"投影"样式，然后设置"不透明度"为45%、"距离"为15像素、"大小"为35像素，如图6-67所示，效果如图6-68所示。

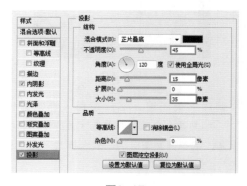

图6-67

图6-68

05 在"图层"面板的下方单击"创建新的填充或调整图层"按钮 ◯,在弹出的菜单中选择"色相/饱和度"命令,然后在"属性"面板中设置"饱和度"为20,效果如图6-69所示。

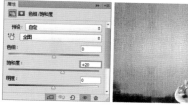

图6-69

06 导入学习资源中的"素材文件>CH06>素材13.psd"文件,然后调整好图层的位置,效果如图6-70所示。

图6-70

07 导入学习资源中的"素材文件>CH06>素材14.png"文件,然后执行"图层>图层样式>投影"菜单命令,打开"图层样式"对话框,接着设置"不透明度"为35%、"距离"为40像素、"大小"为12像素,如图6-71所示,效果如图6-72所示。

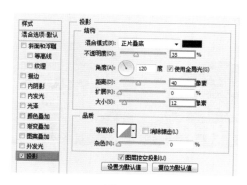

图6-71

图6-72

6.5.2 添加文字元素

添加具有底色的文字,使文字的视觉效果更加明显。

01 新建一个图层,然后使用"钢笔工具" ✎ 绘制一个合适的路径,接着设置前景色为(R:111,G:20,B:62),并使用前景色填充该路径,最后使用"横排文字工具" T (字体:Goya)在画面上输入文字信息,效果如图6-73所示。

图6-73

02 使用"横排文字工具" T 在画面上输入文字信息,然后执行"图层>图层样式>投影"菜单命令,打开"图层样式"对话框,接着设置"距离"为2像素,如图6-74所示,效果如图6-75所示。

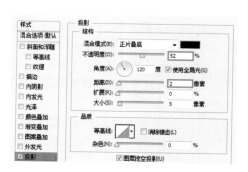

图6-74

图6-75

03 设置前景色为（R:9，G:61，B:0），然后使用"横排文字工具" T.在画面上输入文字信息，接着调整好文字的方向和大小，效果如图6-76所示。

图6-76

04 导入学习资源中的"素材文件>CH06>素材15.png"文件，如图6-77所示。

图6-77

05 新建一个图层，然后使用"椭圆选框工具" ○.绘制出一个椭圆选区，接着打开"渐变编辑器"，设置第1个色标的颜色为（R:1，G:40，B:3）、第2个色标的颜色为（R:82，G:89，B:6），最后为选区填充线性渐变色，效果如图6-78所示。

06 执行"图层>图层样式>外发光"菜单命令，然后在"外发光"对话框中设置"混合模式"为"叠加"、"不透明度"为35%、"大小"为44像素，

如图6-79所示，效果如图6-80所示。

图6-78

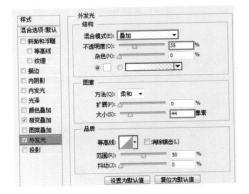

图6-79

图6-80

07 使用文字工具在左下角输入文字信息，然后设置合适的颜色，最终效果如图6-81所示。

图6-81

6.6 课后习题

了解了DM单的设计知识和案例的操作技巧后，熟练运用相关知识进行实际操作是我们的目的。DM单的设计形式可视具体情况灵活掌握，自由发挥，下面的习题可帮助读者巩固这方面的知识。

📑 课后习题 | 旅行社DM单设计

» 实例位置　实例文件>CH06>6.6>旅行社DM单设计.psd
» 素材位置　素材文件>CH06>素材16.jpg
» 视频名称　课后习题：旅行社DM单设计
» 技术掌握　绘制色块突出重点信息

本习题设计的是一款旅行社DM单，画面中需要表达的文字较多，所以在文字的排版上需谨慎。这里以风景素材为主体，将文字以色块的方式进行区分，方便观者浏览，而且不会产生视觉疲劳，效果如图6-82所示。

图6-82

第1步： 首先填充浅蓝的底色，然后放置一张风景图片，制作出醒目的标题文字效果，如图6-83所示。

图6-83

第2步： 使用"矩形选框工具"⬚绘制出矩形选框，然后分别填充合适的颜色，将画面分块，如图6-84所示。

图6-84

第3步： 输入文字信息，并为标题文字设置较为醒目的颜色，以突出重要信息，最终效果如图6-85所示。

图6-85

然，效果如图6-86所示。

第1步： 确定画面采用黑色和黄色的对比色，然后导入素材图片，如图6-87所示。

第2步： 绘制色块，然后适当降低不透明度，接着导入车子素材，并将其调整到合适的位置，如图6-88所示。

第3步： 完善文字信息，给重点文字选择醒目的黄色，以形成对比，最终效果如图6-89所示。

📑 **课后习题** 城市生活DM单设计

» 实例位置　实例文件>CH06>6.7>城市生活DM单设计.psd
» 素材位置　素材文件>CH06>素材17.jpg、素材18.jpg
» 视频名称　课后习题：城市生活DM单设计
» 技术掌握　运用对比色绘制醒目画面

图6-86　　　　　　　　　　图6-87

本习题设计的是一款城市生活DM单，运用简洁大方的背景配合有设计感的文字表达出广告主题。将黑色和明亮的黄色进行搭配，形成强烈的视觉效果；在文字设计上，采用了横排和竖排结合的方式，突出了重点文字信息，使观者一目了

图6-88　　　　　　　　　　图6-89

6.7 本课笔记

画册设计

画册基于篇幅优势，能够全面地展示企业或产品内容，企业在通过画册进行宣传时，更注重展示自身形象，所以在设计画册时，应当考虑如何用恰当的创意和表现形式来满足企业需求，给观者留下深刻的印象，加深其对企业的了解。

学习要点

» 画册设计的规范   » 画册的分类
» 画册设计的要点   » 不同行业的画册设计

7.1 了解画册设计

画册设计是一种建立在准确功能诉求与市场定位基础之上的，以有效传播为导向的视觉传达艺术。所谓画册，就是装订成册的画，是一个展示平台。

画册也可称为宣传册、产品说明书、招商手册等。可以用流畅的线条、和谐的图片或优美的文字组合成一本富有创意，又具有可读、可赏性的精美画册。画册可全方位立体展示企业的风貌、理念，宣传产品和树立品牌形象。

7.1.1 画册设计的规范

画册应该真实地反映商品、服务和形象信息等内容，清楚明了地介绍企业的风貌，使其成为企业在市场营销活动和公关活动中向消费者传达信息的重要媒介。画册设计应该从企业自身的性质、文化、理念、地域等方面出发，来体现企业精神、传播企业文化、介绍产品优势，应用恰当的创意和表现形式来展示企业的魅力，这样的画册才能给消费者留下深刻的印象，加深其对企业的了解，如图7-1所示。

图7-1

7.1.2 画册设计的要点

为保证高效设计，设计师应与决策者直接交流，减少中间环节，以便透彻地理解企业决策者的思路和需求，确保设计项目按时完成。

1.明确画册的制作目的和主题

设计师应通过沟通与交流，充分了解企业的需求和企业的文化。不管什么样的画册创意，一定要以读者为导向。画册是做给读者看的，是为了达成一定的宣传目标，为了促进市场运作，而不是为了取悦广告奖的评审，也不是为了让别人收藏，更不是创作者孤芳自赏的作品。只有深刻地揣摩目标对象的心态，才能设计出引起共鸣的作品。

2.明确画册的定位

画册设计的成败取决于设计定位是否准确，为此，要做好前期的客户沟通，具体内容包括：画册设计风格定位，企业文化及产品特点分析，行业特点定位，画册操作流程，客户的观点等。所以说，好的画册设计，一半来自前期的沟通。只有好的画册设计，才能体现客户的理念，为客户带来更好的销售业绩。

7.1.3 画册的分类

画册可以分为企业画册、产品画册、企业形象画册和宣传画册。

1.企业画册设计

企业画册设计应该从企业自身的性质、文化、理念、地域等方面出发，体现企业的精神，如图7-2所示。

图7-2

2.产品画册设计

产品画册的设计着重从产品本身的特点出发，运用恰当的表现形式和创意来体现。这样才能增加消费者对产品的了解，进而增加产品的销量，如图7-3所示。

图7-3

3.企业形象画册设计

企业形象画册的设计更注重体现企业的形象，应该用恰当的创意和表现形式来展示企业的形象，如图7-4所示。

图7-4

4.宣传画册设计

这类画册可根据不同用途，采用相应的表现形式来体现宣传目的，其用途大致可分为展会宣传、终端宣传、新闻发布会宣传等，如图7-5所示。

图7-5

7.1.4 不同行业的画册设计详解

前面对画册的种类做了简单的介绍，这里针对不同行业的画册设计做详细说明。

1.医院画册设计

医院画册设计要体现稳重大方、安全、健康的理念，应给人以和谐和信任的感觉。设计风格要

求大众生活化，如图7-6所示。

图7-6

2.药品画册设计

药品画册设计比较独特，根据消费对象可分为医院用（消费对象为院长、医师、护士等）和药店用（消费对象为店长、导购、在店医生等）。用途不同，设计风格要做相应的调整。

3.医疗器械画册设计

医疗器械画册设计一般从产品本身的性能出发，体现产品的功能和优点，旨在向消费者传达产品的信息。

4.食品画册设计

食品画册设计要从食品的特点出发，注重营造视觉、味觉特效，以引起消费者的食欲，使其产生购买欲望，如图7-7所示。

图7-7

5.IT企业画册设计

IT企业画册设计要体现简洁明快的风格，结合IT企业的特点，融入高科技的信息，来体现企业形象，如图7-8所示。

图7-8

6.房产画册设计

房产画册一般应根据房地产的楼盘销售情况做相应的设计，如用于开盘、形象宣传或介绍楼盘特点等。此类画册设计要求体现时尚、前卫、和谐、人文、环保等理念，如图7-9所示。

图7-9

7.酒店画册设计

酒店画册设计要求呈现高档、舒适等效果，在设计时，常用一些独特的元素来体现酒店的品质，如图7-10所示。

图7-10

8.学校宣传画册设计

学校宣传画册根据用途不同，大致可分为形象宣传册、招生手册、毕业留念册等，如图7-11所示。

图7-11

9.服装画册设计

服装画册设计注重目标消费者的层次以及视觉的呈现形式，同时由于服装的风格不同，画册设计风格也不尽相同，如休闲类、时尚类等，如图7-12所示。

图7-12

10.招商画册设计

招商画册设计主要体现招商的概念，展现自身的优势，以吸引投资者的兴趣。

11.庆典画册设计

庆典画册设计要体现喜庆、团圆、美好、向上的概念。

12.体育画册设计

时尚、动感、方便是体育行业的特点，具体项目不同，画册表现形式也略有不同。

7.1.5 画册的尺寸

16开　大度：210mm×285mm
　　　　正度：185mm×260mm
8开　　大度：285mm×420mm
　　　　正度：260mm×370mm
4开　　大度：420mm×570mm
　　　　正度：370mm×540mm
2开　　大度：570mm×840mm
　　　　正度：540mm×740mm
全开　　大：889mm×1194mm
　　　　小：787mm×1092mm

注：成品尺寸=纸张尺寸-出血尺寸，如图7-13
所示。

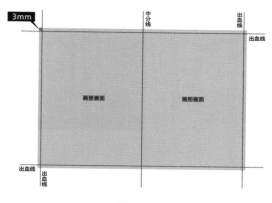

图7-13

7.2 风景画册设计

» 实例位置　实例文件>CH07>7.2>风景画册设计.psd
» 素材位置　素材文件>CH07>素材01.jpg、素材02.psd
» 视频名称　风景画册设计
» 技术掌握　调整暖色调图片

⊙ **设计思路指导**

第1点：风景画册封面应以图片为主，文字
为辅。

第2点：风景画册使用的图片不能太随意，要
体现将要表达的风景的特点。

第3点：设计风格应适当严谨。

第4点：版面要简洁、大方。

⊙ **案例背景分析**

本案例设计的是风景画册，以和谐的背景图
片为主体，添加简洁并具有深意的文字，使画册
兼具创意性、可读性和可赏性，效果如图7-14
所示。

图7-14

7.2.1 调整图片色调

选择一张风景图片作为背景，调出暖色的阳光
效果。

01 启动Photoshop CS6，然后按Ctrl+N快捷键新
建一个"风景画册设计"文件，具体参数设置如
图7-15所示。

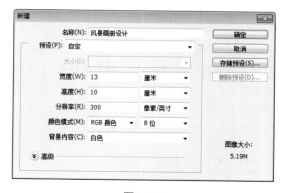

图7-15

02 导入学习资源中的"素材文件>CH07>素材
01.jpg"文件，然后将其拖曳到"风景画册设计"
操作界面中，接着将新生成的图层更名为"树
林"，如图7-16所示。

图7-16

03 在"图层"面板的下方单击"创建新的填充或调整图层"按钮 ⊘.，然后在弹出的菜单中选择"色相/饱和度"命令，接着在"属性"面板中设置"色相"为2、"饱和度"为40，效果如图7-17所示。

图7-17

04 新建"图层1"，然后选择"渐变工具" ■.，打开"渐变编辑器"对话框，接着设置第1个色标的颜色为（R:255，G:201，B:0）、第2个色标的颜色为（R:255，G:78，B:0），最后从上往下填充线性渐变色，效果如图7-18所示。

图7-18

05 设置"图层1"的"不透明度"为70%、"混合模式"为"色相"，效果如图7-19所示。

图7-19

06 在"图层"面板的下方单击"创建新的填充或调整图层"按钮 ⊘.，然后在弹出的菜单中选择"色彩平衡"命令，接着在"属性"面板中设置"青色-红色"为+18、"洋红-绿色"为-12、"黄色-蓝色"为-25，效果如图7-20所示。

图7-20

7.2.2 添加光照效果

为图片添加自然的光照效果，使图片更加富有生气。

01 新建"光斑"图层组，然后在该组下新建"图层2"，接着使用"椭圆选框工具" ○. 在图像中绘制一个合适的椭圆选区，并用白色进行填充，最后执行"滤镜>模糊>高斯模糊"菜单命令，并在弹出的"高斯模糊"对话框中设置"半径"为20像素，如图7-21所示，效果如图7-22所示。

图7-21

图7-22

02 设置"图层2"的"混合模式"为"叠加"，然后按Ctrl+J快捷键复制出多个副本图层，接着将其分别移动到合适的位置，效果如图7-23所示。

图7-23

03 新建"光线"图层组，然后在该组下新建"图层3"，接着使用"矩形选框工具" [] 绘制一个合适的矩形选区，并用白色填充该选区，最后执行"滤镜>模糊>高斯模糊"菜单命令，并在弹出的"高斯模糊"对话框中设置"半径"为5像素，如图7-24所示，效果如图7-25所示。

图7-24

图7-25

04 按Ctrl+T快捷键进入自由变换状态，然后调整图像至合适的位置，接着设置"图层3"的"混合模式"为"叠加"、"不透明度"为50%，最后按Ctrl+J快捷键复制出多个副本图层，并将其分别调整到合适的位置和大小，效果如图7-26所示。

图7-26

05 新建"图层4"，然后设置前景色为（R:52，G:52，B:52），接着打开"渐变编辑器"对话框，并在选项栏中勾选"反向"，选择"前景色到透明渐变"，最后按照如图7-27所示的方向为图层填充径向渐变色。

图7-27

7.2.3 完善文字信息

制作金色色块和文字，完善画面效果。

01 选中图片的相关图层，然后按Ctrl+T快捷键进行适当的缩放，接着设置前景色为（R:217，G:196，B:112），使用"矩形工具"▣绘制出如图7-28所示的矩形图形，最后设置图层的"不透明度"为80%，效果如图7-29所示。

图7-28

图7-29

02 使用"文字工具"Ｔ（字体大小和样式可根据实际情况而定）在绘图区域中输入文字信息，效果如图7-30所示。

图7-30

03 导入学习资源中的"素材文件>CH07>素材02.psd"文件，然后将素材拖曳到文件中的合适位置，如图7-31所示，装帧效果如图7-32所示。

图7-31

图7-32

7.3 宠物画册内页设计

- » 实例位置　实例文件>CH07>7.3>宠物画册内页设计.psd
- » 素材位置　素材文件>CH07>素材03.jpg
- » 视频名称　宠物画册内页设计
- » 技术掌握　制作合适的配色方案

⊙ **设计思路指导**

第1点：宠物画册要体现出宠物活泼可爱的特点。

第2点：布局要合理，选择灵活、富有设计感的版式。

第3点：色彩突出，文字排版新奇多变。

⊙ **案例背景分析**

本案例设计的是画册内页，运用鲜明的颜色和简洁大方的背景配合有设计感的文字，给人耳目一新的感觉。设计时，虽然可以使用固定的栅格结构进行排版，但是为了达到更好的效果，还是应该根据不同页面的主题进行设计，效果如图7-33所示。

图7-33

7.3.1 安排版面布局

如何排版是设计平面作品时最先要考虑的问题，好的版式会直接提高作品的档次。

01 启动Photoshop CS6，然后按Ctrl+N快捷键新建一个"宠物画册内页设计"文件，具体参数设置如图7-34所示。

图7-34

02 执行"视图>标尺"命令，然后在显示区域拉出参考线，接着导入学习资源中的"素材文件>CH07>素材03.jpg"文件，并使用"移动工具"将其拖曳到画面的左侧，最后将新生成的图层命名为"宠物狗"，效果如图7-35所示。

图7-35

03 在"图层"面板的下方单击"创建新的填充或调整图层"按钮，然后在弹出的菜单中选择"亮度/对比度"命令，接着在"属性"面板中设置"对比度"为44，效果如图7-36所示。

图7-36

04 新建一个图层，然后使用"椭圆选框工具"绘制出3个大小不同的圆形选区，并使用合适的颜色进行填充，如图7-37所示，接着调整圆形的大小，再使用"移动工具"将其拖曳到画面的左侧，让图形只显示出其中的一部分，效果如图7-38所示。

图7-37

图7-38

05 新建一个图层，然后使用"矩形选框工具"▣绘制一个长条形的选框,接着使用白色填充选区,最后按Ctrl+J快捷键复制一个图层,并调整其大小和位置,效果如图7-39所示。

图7-39

06 设置前景色为(R:143,G:185,B:58),然后新建一个图层,接着使用"矩形选框工具"▣绘制一个长条形的选框,最后按Alt+Delete快捷键使用前景色填充选区,效果如图7-40所示。

图7-40

7.3.2 选择合适的颜色

明亮的颜色会使观者眼前一亮,并吸引他们的注意力。

01 新建"底纹图案"图层组,然后使用"钢笔工具"✎绘制出不规则的形状,接着设置前景色为(R:240,G:97,B:47),最后使用前景色填充路径选区,效果如图7-41所示。

图7-41

02 使用"钢笔工具"✎绘制出不规则的形状,并进行填充,效果如图7-42所示。

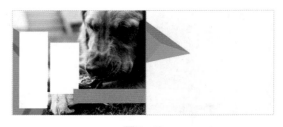

图7-42

03 按住Shift键的同时选中制作三角形的3个图层,然后按Ctrl+J快捷键复制出3个副本图层,接着按Ctrl+E快捷键将这3个副本图层合并为一个图层,最后适当地调整大小,并将该图形移动到页面的右下角,效果如图7-43所示。

图7-43

04 使用相同的方法制作其他图形,并选择合适的颜色进行填充,效果如图7-44所示。

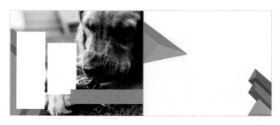

图7-44

7.3.3 合理安排字体

在安排字体时,不仅要考虑字体的颜色、大小,还要注意字体的排列方式。

01 选择"横排文字工具"T,然后选择合适的颜色并输入主体文字,接着设置"字体"为

Futurama Bold Font，效果如图7-45所示。

图7-45

提示

如果要修改某个字符的颜色，可以先选择要修改颜色的字符，如图7-46所示，然后在"字符"面板或选项栏中进行修改，设置颜色为（R:6，G:165，B:179），如图7-47所示，效果如图7-48所示。

图7-46

图7-47

图7-48

02 设置前景色为（R:226，G:6，B:136），然后使用"横排文字工具" ⊤ 在如图7-49所示的位置输入主体文字。

图7-49

03 选择"横排文字工具" ⊤ ，然后在选项栏中设置"字体"为Kalinga，接着输入文字信息，如图7-50所示，最后输入右侧的文字信息并设置合适的字体，效果如图7-51所示。

图7-50

图7-51

04 选择"自定形状工具" ，然后在选项栏中设置"填充"颜色为（R:246，G:170，B:38），接着选择"形状"右侧的"点按可打开自定形状拾色器"按钮 ，选择"狗"图形，如图7-52所示，最后在绘图区域中绘制出图形，最终效果如图7-53所示。

图7-52

图7-53

7.4 广告公司画册设计

» 实例位置　实例文件>CH07>7.4>广告公司画册设计.psd
» 素材位置　无
» 视频名称　广告公司画册设计
» 技术掌握　绘制创意图形

⊙ **设计思路指导**

第1点：整体设计要大方，版式不宜太死板。

第2点：要根据广告公司的行业特点设计出具有创意的图形。

第3点：要突出主题，设计时最好将主题或者主要篇目都显示出来。

第4点：要注意封面和封底的统一性。

⊙ **案例背景分析**

本案例设计的是广告公司画册，该设计要求采用简洁明快的风格，结合广告企业的特点，融入时尚的创意元素，来体现广告公司的特色，效果如图7-54所示。

图7-54

7.4.1　制作主体图形

制作不同颜色的矩形图形，使画面具有动感。

01 启动Photoshop CS6，然后按Ctrl+N快捷键新建一个"广告公司画册设计"文件，具体参数设置如图7-55所示。

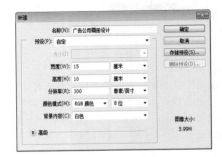

图7-55

02 按Ctrl+R快捷键显示出标尺，然后添加图7-56所示的参考线，将画册的封面、封底划分出来。

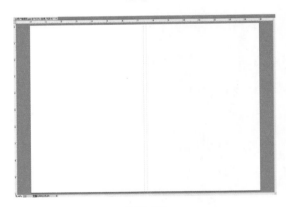

图7-56

03 新建"封面"图层组，然后新建"图层1"，接着使用"矩形选框工具"▣绘制一个合适的矩形选区，最后设置前景色为（R:184，G:219，B:255），并按Alt+Delete快捷键用前景色填充选区，效果如图7-57所示。

04 新建"图层2"，然后设置前景色为（R:144，G:0，B:10），接着使用"钢笔工具"✍绘制出一个大小合适的三角形，并按Ctrl+Enter快捷键将路径转换为选区，最后按Alt+Delete快捷键用前景色填充选区，效果如图7-58所示。

图7-57

图7-58

05 新建"图层3"，然后设置前景色为（R:130，G:128，B:176），接着使用"矩形选框工具" 绘制一个合适的矩形选区，最后按Alt+Delete快捷键用前景色填充选区，效果如图7-59所示。

图7-59

06 按Ctrl+T快捷键进入自由变换状态，然后按Ctrl+Alt快捷键调整图像，如图7-60所示，接着将图像移动到合适的位置，最后设置该图层的"不透明度"为50%，效果如图7-61所示。

图7-60　　　　　　　图7-61

07 按Ctrl+J快捷键复制出一个副本图层，然后将其调整到如图7-62所示的位置，制作出图形的叠加效果。

08 使用相同的方法和合适的颜色绘制画册封面，如图7-63所示。

图7-62　　　　　　　图7-63

7.4.2 制作字体

绘制出长条矩形，并连接上下部分的文字，使其构成一个整体，同时具有设计感。

01 在图像的空白部分使用"横排文字工具" 输入主体文字，然后将文字栅格化，并移动到合适的位置，如图7-64所示。

02 设置前景色为黑色，然后使用"矩形选框工具"[图标]绘制出选区，接着为选区填充黑色，如图7-65所示。

03 使用"矩形选框工具"[图标]绘制出合适的选区，并填充黑色，连接上下部分的字母，以增强字母的连贯性，如图7-66所示。

图7-64 　　　　　　　图7-65

图7-66

04 执行"图层>图层样式>投影"菜单命令，打开"图层样式"对话框，然后设置"混合模式"为"正常"、阴影颜色为白色、"不透明度"为100%，并调整合适的距离和大小，具体参数设置如图7-67所示，接着在"图层样式"对话框中选择"颜色叠加"样式，最后设置叠加颜色为（R:0，G:14，B:67），效果如图7-68所示。

图7-67

图7-68

05 设置前景色为（R:144，G:0，B:10），然后使用"横排文字工具"[T.]在绘图区域中输入文字信息，效果如图7-69所示。

图7-69

7.4.3　制作封底

封底的画面一般比较简单，将封面效果适当延伸过来即可。

01 新建"封底"图层组，然后新建一个图层，接着使用"矩形选框工具"[图标]绘制一个合适的矩形选区，最后设置前景色为（R:245，G:240，B:234），并按Alt+Delete快捷键用前景色填充选区，效果如图7-70所示。

图7-70

02 选择"封面"图层组中的背景相关图层，然后按Ctrl+J快捷键复制出多个副本图层，接着将其移动到"封底"图层组中，并进行水平翻转，最后按Ctrl+G快捷键将相关图层进行编组，再设置

"组1"的"不透明度"为45%，效果如图7-71所示。

图7-71

[03] 新建一个图层，然后使用"矩形选框工具" [图标] 绘制出书脊的矩形选区，接着设置前景色为（R:144，G:0，B:10），最后按Alt+Delete快捷键用前景色填充选区，填充完成后按Ctrl+D快捷键取消选区，效果如图7-72所示。

[04] 使用"横排文字工具" [图标] 在绘图区域中输入文字信息，如图7-73所示，装帧效果如图7-74所示。

图7-72

图7-73

图7-74

7.5 咖啡画册内页设计

» 实例位置　实例文件>CH07>7.5咖啡画册内页设计.psd
» 素材位置　素材文件>CH07>素材04.jpg、素材05.png~素材07.png
» 视频名称　咖啡画册内页设计
» 技术掌握　制作文字效果

☉ 设计思路指导

第1点：画册的整体设计要与产品的定位相符合，清晰介绍产品的特色。

第2点：因为产品是咖啡，所以应以暖色调为主，版式应简洁、大方。

第3点：选择的素材要与咖啡相关，体现出时尚的感觉，传达出精致的生活品味。

第4点：注重细节的处理，如图标、数字、字体、空间等，以提升画册的设计感。

☉ 案例背景分析

本案例设计的是咖啡画册内页。咖啡总是给人温暖的感觉，所以颜色应以暖色调为主。运用一张大气的咖啡实物图体现主题，同时添加一些与咖啡相关的食物素材，再制作出具有质感的文字效果，整个画面简洁大方，效果如图7-75所示。

图7-75

7.5.1 调整主体图片

调整图片，使其呈现暖色调，与产品特性相符合。

01 启动Photoshop CS6，然后按Ctrl+N快捷键新建一个"咖啡画册内页设计"文件，具体参数设置如图7-76所示。

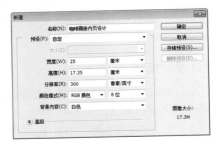

图7-76

02 按Ctrl+R快捷键显示出标尺，然后添加如图7-77所示的参考线，将画册的封面、封底划分出来。

图7-77

03 打开学习资源中的"素材文件>CH07>素材04.jpg"文件，然后将其拖曳到操作界面中，并移动到画册的左侧，如图7-78所示。

图7-78

04 在"图层"面板的下方单击"创建新的填充或调整图层"按钮，然后在弹出的菜单中选择"亮度/对比度"命令，接着调整数值以提高画面的亮度，如图7-79所示。

05 在"图层"面板的下方单击"创建新的填充或调整图层"按钮，然后在弹出的菜单中选择"色彩平衡"命令，接着在"属性"面板中设置"青色-红色"为45，效果如图7-80所示。

图7-79   图7-80

06 导入学习资源中的"素材文件>CH07>素材05.png"文件，然后将其移动到画面的左上方，如图7-81所示。

图7-81

7.5.2 制作字体效果

制作镂空的文字效果，体现高端的画面质感。

01 新建一个图层，然后使用"矩形工具" 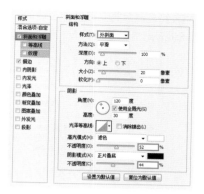绘制出一个白色矩形，接着调整其"不透明度"为60%，如图7-82所示。

02 使用"横排文字工具" T 输入文字信息，然后选择合适的字体，如图7-83所示。

图7-82   图7-83

03 设置文字图层的填充为"0%"，如图7-84所示。

图7-84

提示

这里需要做镂空的文字效果，所以将填充数值设置为0%，画面只显示添加的图层样式效果。

04 执行"图层>图层样式>斜面和浮雕"菜单命令，打开"图层样式"对话框，然后设置"样式"为"外斜面"，再适当降低"高光模式"和"阴影模式"下的"不透明度"，具体参数设置如图7-85所示，接着在"图层样式"对话框中单击"描边"样式，最后设置"大小"为"4像素"、颜色为（R:138，G:79，B:51），具体参数设置如图7-86所示，效果如图7-87所示。

图7-85

图7-86

图7-87

7.5.3 制作画册另一面

选择与主题相关的咖啡豆元素体现主题。

01 设置前景色为（R:254，G:239，B:222），然后使用"矩形选框工具" 绘制出画册右侧的选区，接着使用前景色填充选区，效果如图7-88所示。

02 导入学习资源中的"素材文件>CH07>素材

06.png"文件，然后将其移动到合适的位置，效果如图7-89所示。

图7-88　　　　　图7-89

03 新建一个图层，然后使用"矩形选框工具"绘制一个合适的矩形选区，接着设置前景色为（R:105，G:57，B:35），最后使用前景色填充选区，效果如图7-90所示。

图7-90

04 导入学习资源中的"素材文件>CH07>素材07.png"文件，然后将其移动到合适的位置，如图7-91所示，接着调整图层的"混合模式"为"强光"、"不透明度"为50%，效果如图7-92所示。

图7-91　　　　　图7-92

05 使用"横排文字工具"在绘图区域中输入文字信息，然后设置合适的字体，接着将画册左侧的标志复制一份移动到画册右侧的合适位置，效果如图7-93所示。

图7-93

06 选择标题文字图层，然后执行"图层>图层样式>投影"菜单命令，打开"图层样式"对话框，接着设置参数，为文字添加投影效果，如图7-94所示，最后为其他标题文字添加同样的图层样式，最终效果如图7-95所示。

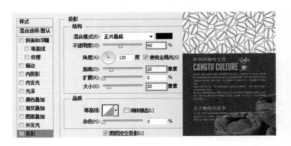

图7-94

图7-95

7.6 课后习题

本课课后习题与本课内容相呼应，都是画册设计方面的练习，目的是帮助读者巩固本课所学知识，使读者能够熟练地运用各种工具绘制画册，同时掌握良好的构图和审美技巧。

📝 课后习题　环保画册内页设计

- » 实例位置　实例文件>CH07>7.6>环保画册内页设计.psd
- » 素材位置　素材文件>CH07>素材08.jpg、素材09.jpg、素材10.psd
- » 视频名称　课后习题：环保画册内页设计
- » 技术掌握　运用绿色制作环保清新的画面

本习题设计的是环保画册内页，整体色调为绿色，体现环保低碳的主题；构图简洁大方，以图形为主，带给观者强烈的视觉冲击力，也能够真实、准确地传达宣传信息，如图7-96所示。

图7-96

第1步：选择一张绿色风景图片，然后绘制色块，制作镂空文字，如图7-97所示。

图7-97

第2步：制作画册的另一面。添加风景图片，然后同样绘制色块并进行适当的旋转，如图7-98所示。

图7-98

第3步：使用"钢笔工具" ◢ 绘制出多边形，然后添加图片，接着完善文字信息，最终效果如图7-99所示。

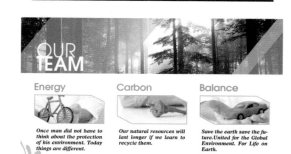

图7-99

📝 课后习题　旅游画册封面设计

- » 实例位置　实例文件>CH07>7.7>旅游画册封面设计.psd
- » 素材位置　素材文件>CH07>素材11.jpg~素材16.jpg
- » 视频名称　课后习题：旅游画册封面设计
- » 技术掌握　巧用多边形制作创意版式

本习题设计的是一款旅游画册封面，作品运用了很明显的对称原则进行设计，以蓝色为主色调，搭配灰色的线条以及简单的多边形图形进行叠加排列，将图片裁剪成特定的图形，不仅和整个设计风格紧密地连接了起来，更强化了页面的视觉效果，效果如图7-100所示。

图7-100

第1步：绘制多个色块将画面分区，如图7-101所示。

第2步：导入图片素材，然后分别设置图片为相应色块的剪贴蒙版，效果如图7-102所示。

第3步：输入文字信息，然后制作标志完善画面，最终效果如图7-103所示。

图7-103

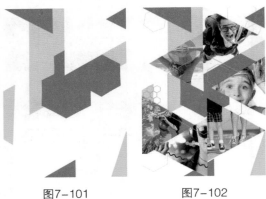

图7-101　　　　　　图7-102

7.7　本课笔记

书籍装帧设计

书籍的装帧和内容是和谐统一的，一本书的装帧的形式和风格往往体现了其内涵，封面设计则是装帧设计中重要的一环。本课将讲解不同类型书籍封面的设计方法。

学习要点

» 书籍封面的基本结构　　　» 封面设计的基本元素

» 书籍封面各部位的特点　　» 封面设计的要点

8.1　了解书籍封面设计

封面是书籍的门面，是通过艺术形象设计的形式来反映书籍的内容，起着美化书籍和保护书芯的作用。

书籍封面设计是读者判断书籍好不好的一个初步依据，好的封面设计会引起读者的兴趣，封面设计的优劣对于整体书籍设计的成败有着非常重要的影响。所以封面的构思就显得十分重要，设计师要充分了解书稿的内涵、风格、题材等，做到构思新颖、切题，有感染力。

8.1.1　书籍封面的基本结构

书籍装帧设计经历了从原始的自然形态、古代的卷轴形态、册页形态到现代书籍样式的演变。

1. 平装书籍封面的结构

平装书籍的封面由封面、封底和书脊构成，如图8-1所示。

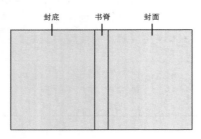

图8-1

2. 精装书籍封面的结构

精装书籍的封面由勒口、封面、封底和书脊构成，如图8-2所示。

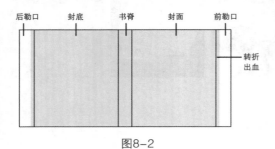

图8-2

8.1.2　书籍封面各部位的特点

包背装书籍和线装古籍的封面的结构大致相同，即将各印页在版心处对折，有字的一面向外，然后装订成册。

1.封面

封面是装帧设计中的一个重要部分，一般包括主题图、书名、作者名和出版者名。封面设计的最终目的不仅在于瞬间吸引读者，更在于长久地感动读者，应能够折射出设计者对美学的感悟以及对形式美的追求和创新。封面所表达的意蕴与其生命力均体现在创意之中。因此，创意是封面设计的根本，如图8-3所示。

图8-3

2.书脊

一般来说，书脊上要注有书名、作者名、出版社名称或出版社标志。很厚的书脊要着重设计，采用横排文字比竖排文字更便于阅读，而且在书籍展示时也更醒目，如图8-4所示。

图8-4

3.前勒口

前勒口是读者翻开书时看见的第一个文字较详细的部位，一般主要放置内容简介、作者简介和丛书名称等，根据侧重点不同而定。若为了方便读者阅读，则应放置书籍内容简介；若为了突出作者形象，则应放置作者简介；若为了推荐相关书籍，则应放置丛书名称。

4.封底

相对于封面来说，封底的设计一般比较简单。简装书籍的封底主要有出版者标志、丛书名、价格、条码、书号及丛书介绍等，如图8-5所示。

图8-5

5.后勒口

后勒口在内容上是最简单的，一般只有编辑者及丛书名称等文字说明。

6.腰封

腰封也称"书腰纸"，是附封的一种形式，属于外部装饰物。腰封一般使用牢度较强的纸张制作，包裹在书籍封面的腰部，其宽度约为该书封面宽度的三分之一，主要作用是装饰封面或补充封面信息，如图8-6所示。

图8-6

8.1.3 封面设计的基本元素

书籍封面设计的宗旨是要为书的内容服务，用最感人、最形象、最易被读者接受的形式呈现，并充分运用文字、色彩和图形元素。

1.文字运用

书籍是文字的载体，封面字体设计在书籍装帧设计中是重要一环，它不仅可以向人们传达书籍内容，还能给人以艺术的享受。字体设计得当，可以使书籍的封面更具有视觉冲击力和艺术美感。

首先，封面字体设计不仅要考虑如何选择或创造字体，还要考虑对局部笔画（横、竖、撇、捺、点）的创意和设计，使文字图形化，从而将封面文字和图形有机地结合起来，增强读者的印象。

其次，文字在封面设计中的形式美感还体现在排版形式、字号的对比、笔画粗细的对比、疏密关系以及空间关系等因素上。要注意把握文字的节奏感和韵律感，使读者在浏览的过程中得到美的享受。要根据书籍的内容决定文字的排列形式，调整节奏的强与弱，调整字体以点、线、面的抽象形式的律动。最后，如果封面上有图形和文字配合，字体的处理就应考虑和图形的呼应关系，根据图形的大小与复杂程序处理字体的视觉效果。文字设计与图形设计要有主有次，有强有弱，要做到层次分明，合理地运用封面有限的空间，如图8-7所示。

图8-7

设计封面文字时，以书名为主体，以作者名称、出版社名称等文字为辅，构图形式大致有以下4种。

第1种：垂直构图。书名文字垂直排列，常见的垂直构图有居中垂直、上居中、下居中、居左、居右，或较长的书名以垂直错位的方式出现。垂直构图可体现严肃、庄重、高尚、刚直的效果，如图8-8所示。

第2种：水平构图。这是较常用的方法，一般有水平居中、水平居上、水平居左、水平居右、水平居下。书名在中间给人以沉稳、古典、规矩之感；在书的上部给人以轻松、飘逸之感；居左靠近书口的一边给人以动感，有向外的张力；在下部给人以压抑、沉闷之感。总之，水平构图给人以平静、安定、稳重的感觉，如图8-9所示。

图8-8　　　　　　　图8-9

第3种：倾斜构图。设计师常用倾斜方式表现动感，打破过于死板的画面，以静求动。将书名文字倾斜排列可令画面活跃有生气，运用合理有助于强化书籍的主题，如图8-10所示。

图8-10

第4种：聚集构图。书名文字聚集排列，能呈现一种安定的秩序感，并能增强视觉冲击力，使人在心理上产生紧张感，从而吸引其注意力，如图8-11所示。

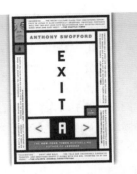

图8-11

2.色彩运用

合理的配色是封面设计成功的起点。色彩的运用要考虑内容的需要，用不同色彩来表达不同的内容和思想。

例如，用灰色作为背景，可以衬托色彩艳丽的文字、图形，既协调又显亮丽；纯度高的色彩排列在一起，可以给人刺激和活跃之感；和谐统一的色调，能让人感到温馨、安逸；纸张的原色给人的感觉是自然、清新。有时为了追求新、奇、特，可以在常规的基础上加以发挥，如采用黑白色调也能在五彩缤纷的书海中脱颖而出。

封面的色彩是由书的内容与阅读对象的年龄、文化层次等特征所决定的。少儿读物多运用艳丽的色彩，具有沉着、和谐感的色彩适用于中老年人的读物，介于艳色和灰色之间的色彩宜用于青年人的读物，如图8-12所示。

图8-12

3.图形运用

可用于书籍封面设计的图形多种多样，主要分为具象图形和抽象图形，具象图形主要有人物、动物、植物、自然风景，抽象图形主要是几何图形。图形表现手法也各不相同，如有水粉、水彩、油画的写实绘画手法，有摄影手法，有装饰绘画手法，还有计算机绘制及合成手法。文字除了具有说明的功能，也具有图形的功能。

图形是封面设计要素中的重要部分，主要通过视觉效果与读者产生共鸣，如图8-13所示。

图8-13

8.1.4　封面设计的要点

封面设计在一本书的整体设计中具有举足轻重的地位，现将封面设计的要点总结如下。

1.宁简勿繁

简洁可使封面设计意图明确，所以要尽量用少的设计元素去营造丰富的画面。去掉一切多余的东西，不要把设计语言说完，而要把想象的空间留给读者。封面不可能承载很多的信息量，置入的信息太多，结果往往适得其反。因而倒不如大胆地舍弃，突出最能打动人心的元素，往往可以获得以一当十的效果，如图8-14所示。

图8-14

2.宁稳勿乱

有时我们强调书籍封面设计要清新活泼，有现代感，指的是设计整体中的一种动静关系。一个封面中的设计元素，只要有一两个是动态的，就能呈现出很强的动感。但是如果所有的设计元素都处于不稳定状态，那就是乱，而不是所谓的活泼，如图8-15所示。所谓"万绿丛中一点红"，正是因为有了绿的衬托，才显出红的醒目。

图8-15

3.宁明勿暗

在进行书籍封面设计时，不仅要考虑单本书的色彩搭配效果，还要考虑书籍在大环境中所呈现出来的效果。很多图书封面喜欢采用比较灰暗的色彩搭配，虽然单从一本书的封面看整体效果显得比较素雅，但是当很多图书放在一起时却很难引起读者的注意。所以，图书封面应尽量采用明快的颜色搭配，如图8-16所示。

图8-16

4.阐述清晰

需求方应和设计师之间加强沟通，避免因理解上的误差而造成设计跑题。因此，需求方应多了解设计领域相关知识，尽量用专业的语言将设计要求阐述清楚。

5.多用范例

多用范例是一个确保沟通准确性的简洁而且有效的办法。当用语言难以阐述清楚自己的想法时，可以找一些与想法相近的图书设计样本，将抽象的想法直观形象地表达出来。同时，多看范例，还有助于提高审美修养。

8.2 手工书籍设计

» 实例位置　实例文件>CH08>8.2>手工书籍设计.psd
» 素材位置　素材文件>CH08>素材01.png、素材02.tif、素材03.jpg、素材04.jpg
» 视频名称　手工书籍设计
» 技术掌握　运用图层蒙版制作书籍特效

⊙ 设计思路指导

第1点：象征性的手法是艺术表现最得力的语言，用象征性的手法来表达抽象的概念或意境更能为人们所接受。

第2点：要有独特的创意和风格，但必须体现出行业特征。

第3点：手工书籍封面要将产品最完美的一面展现出来。

第4点：手工书籍封面要体现出手工的高端与精细感。

第5点：手工书籍封面要选择与产品形成强烈对比的颜色，以提高视觉冲击力。

⊙ 案例背景分析

本案例设计的是手工书籍封面，针对手工这一主题内容，选择带有刺绣元素的图片作为配图，搭配简单的文字内容，简洁的画面使封面设计意图明确，彰显主题，同时具有很好的视觉冲击效果，效果如图8-17所示。

图8-17

8.2.1 制作封面效果

选择带有刺绣元素的图片作为主要表现点，可直观地传达图书内容。

01 启动Photoshop CS6，然后按Ctrl+N快捷键新建一个"手工书籍设计"文件，具体参数设置如图8-18所示。

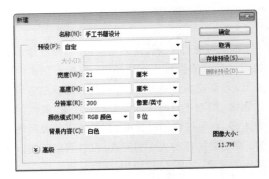

图8-18

02 按Ctrl+R快捷键显示出标尺，然后添加参考线，将封面、书脊和封底划分出来，接着将背景转换为可操作"图层0"，最后按Alt+Delete快捷键用黑色填充该图层，效果如图8-19所示。

图8-19

03 新建"封面"图层组，然后打开学习资源中的"素材文件>CH08>素材01.png"文件，接着将其拖曳到"手工书籍设计"操作界面中，再将新生成的图层更名为"素材"，效果如图8-20所示。

图8-20

04 打开学习资源中的"素材文件>CH08>素材02.tif"文件，然后将其拖曳到"手工书籍设计"操作界面中，接着将新生成的图层更名为"刺绣"，最后按Ctrl+Alt+G快捷键设置该图层为"素材"图层的剪贴蒙版，效果如图8-21所示。

图8-21

05 使用"竖排文字工具" ⟦IT⟧ 在绘图区域中输入文字信息，然后设置"字体"为文鼎习字体，效果如图8-22所示。

06 打开学习资源中的"素材文件>CH08>素材03.jpg"文件，然后将其拖曳到"手工书籍设计"操作界面中，接着将新生成的图层更名为"丝绸"，最后按Ctrl+Alt+G快捷键设置该图层为"素材"图层的剪贴蒙版，效果如图8-23所示。

图8-22　　　　　　　图8-23

07 使用"横排文字工具" ⟦T⟧（字体大小和样式可根据实际情况而定）在绘图区域中输入文字信息，然后执行"编辑>变换>旋转"命令，效果如图8-24所示。

图8-24

8.2.2 制作封底

制作封底的信息和简单的装饰元素。

01 新建"封底"图层组，然后打开学习资源中的"素材文件>CH08>素材04.jpg"文件，接着将其拖曳到"手工书籍设计"操作界面中，并将新生成的图层更名为"条形码"，效果如图8-25

所示。

图8-25

02 设置前景色为（R:51，G:65，B:102），然后使用"矩形工具"绘制一个矩形选区，并为选区填充前景色，接着设置前景色为（R:237，G:197，B:8），最后使用"矩形工具"绘制两个矩形条，效果如图8-26所示。

03 使用"文字工具"T在绘图区域中输入文字信息，效果如图8-27所示。

图8-26 　　　　　　图8-27

04 设置前景色为（R:174，G:12，B:20），然后使用"钢笔工具"在绘图区域内绘制出标签图形，如图8-28所示。

05 使用"竖排文字工具"在绘图区域中输入文字信息，效果如图8-29所示。

图8-28 　　　　　　图8-29

8.2.3 制作书脊部分

书脊的部分比较简洁，只需添加书名和出版信息即可。

01 新建"书脊"图层组，然后使用"竖排文字工具"在绘图区域中输入文字信息，接着使用"矩形选框工具"绘制出合适的矩形选区，再按Alt+Delete快捷键用黑色填充该选区，效果如图8-30所示。

图8-30

02 选择相关文字图层，然后执行"图层>图层样式>斜面和浮雕"菜单命令，打开"图层样式"对话框，接着设置"大小"为3像素、"软化"为0像素，再设置"角度"为-30°、"高度"为21，效果如图8-31所示，装帧效果如图8-32所示。

图8-31

图8-32

8.3 婚礼书籍设计

» 实例位置　实例文件>CH08>8.3>婚礼书籍设计.psd
» 素材位置　素材文件>CH08>素材05.jpg、素材06.png、素材
　　　　　　07.png、素材08.jpg、素材09.psd
» 视频名称　婚礼书籍设计
» 技术掌握　浪漫唯美书籍封面制作方法

⊙ **设计思路指导**

第1点：要根据书籍内容来构思和设计。

第2点：主题要突出，层次要分明。

第3点：结构要完整，版面要清晰。

第4点：婚礼书籍设计应采用比较温暖和喜庆的颜色进行表现。

⊙ **案例背景分析**

本案例设计的是婚礼书籍，该书主要展现婚礼的浪漫唯美，所以采用粉红色为主色调。唯美的捧花体现出婚礼的浪漫，细节之处彰显精致之美。整个设计突出了婚礼主题，也充满了强烈的视觉冲击力，带给读者以美的享受，同时具有艺术收藏价值，效果如图8-33所示。

图8-33

8.3.1 制作封面

婚礼给人的感觉是甜蜜而温馨的，所以选择粉红色为主色调。

`01` 启动Photoshop CS6，然后按Ctrl+N快捷键新建一个"婚礼书籍设计"文件，具体参数设置如图8-34所示。

图8-34

`02` 按Ctrl+R快捷键显示出标尺，然后添加参考线，将封面、书脊、封底划分出来，接着将背景转换为可操作"图层 0"，最后设置前景色为（R:251，G:200，B:205），按Alt+Delete快捷键用前景色填充该图层，效果如图8-35所示。

图8-35

`03` 新建"封面"图层组，然后导入学习资源中的"素材文件>CH08>素材05.jpg"文件，并将新生成的图层更名为"捧花"，接着为该图层添加一个图层蒙版，最后使用"矩形选框工具"框选出上面的部分，并用黑色填充该选区，隐藏部分图像，效果如图8-36所示。

图8-36

04 执行"图层>图层样式>投影"菜单命令，打开"图层样式"对话框，然后设置"角度"为-90°、"距离"为3像素、"大小"为20像素，效果如图8-37所示。

图8-37

05 导入学习资源中的"素材文件>CH08>素材06.png"文件，然后将其拖曳到文件中的合适位置，效果如图8-38所示。

图8-38

06 使用"横排文字工具" T 在绘图区域中输入文字信息，然后使用"钢笔工具" ✐ 绘制出箭头图形，效果如图8-39所示。

图8-39

07 选择"圆角矩形工具" ⬜，然后在选项栏中设置"填充颜色"为白色、"描边"为"无颜色"、"半径"为30像素，绘制出圆角矩形图案，接着设置参数绘制出虚线图案，效果如图8-40所示。

图8-40

提示

绘制虚线时，在选项栏中设置"形状填充类型"为"无颜色"、描边颜色为（R:126，G:190，B:106）、"形状描边宽度"为1点，然后在描边类型下面的面板中选择虚线，如图8-41所示，效果如图8-42所示。

图8-41

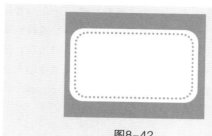

图8-42

08　打开学习资源中的"素材文件>CH08>素材07.png"文件，然后将其拖曳到"婚礼书籍设计"操作界面中，并将新生成的图层更名为"玫瑰"，接着为该图层添加"斜面和浮雕"图层样式，最后设置"深度"为2%、"大小"为5像素、"软化"为15像素、"高度"为16°，具体参数设置如图8-43所示，效果如图8-44所示。

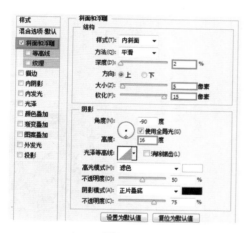

图8-43

图8-44

8.3.2　制作书脊和封底

将封面的设计风格延伸过来，添加简单的文字信息即可。

01　新建"书脊"图层组，使用"矩形选框工具"⊞绘制一个合适的矩形选区，按Ctrl+J快捷键复制一份，如图8-45所示。

图8-45

02　设置前景色为白色，在图层组中新建一个图层，再使用"矩形选框工具"⊞绘制一个合适的矩形选区，按Alt+Delete快捷键用前景色填充选区，设置图层"填充"为20%，如图8-46所示。

图8-46

03　使用"矩形选框工具"⊞绘制一个合适的矩形选区，填充颜色为白色，如图8-47所示，导入学习资源中的"素材文件>CH08>素材08.jpg"文件，拖曳到白色图层上并设置剪贴蒙版效果，如图8-48所示。

图8-47

图8-48

04 使用"横排文字工具"T.在绘图区域中输入文字信息，设置合适的字体颜色和大小，如图8-49所示。

图8-49

05 新建"封底"图层组，然后在"封面"图层组中同时选择"图层1"、"蕾丝"图层，接着按Ctrl+J快捷键复制出两个副本图层，最后将其移动到"封底"图层组中，效果如图8-50所示。

图8-50

06 打开学习资源中的"素材文件>CH08>素材09.psd"文件，然后将花纹、条形码和蝴蝶结图形拖曳到文件中的合适位置，如图8-51所示，接着使用"横排文字工具"T.在绘图区域中输入文字信息，如图8-52所示，效果如图8-53所示。

图8-51

图8-52

图8-53

8.4 美食书籍设计

» 实例位置　实例文件>CH08>8.4>美食书籍设计.psd
» 素材位置　素材文件>CH08>素材10.jpg、素材11.png、素材
　　　　　　12.jpg、素材13.psd
» 视频名称　美食书籍设计
» 技术掌握　通过简单版式突出封面效果

⊙ 设计思路指导

第1点：以产品为设计重点。

第2点：美食书籍封面通常选择鲜艳的颜色来体现食品的诱惑力。

第3点：封面设计要根据美食主题有所变化。

第4点：选择造型可爱的字体，以符合产品的属性。

⊙ 案例背景分析

本案例设计的是美食书籍，该书内容以甜甜圈为主题，因此以丰富多彩的甜甜圈为封面视觉主体，吸引读者眼球，体现美食诱惑，手绘风格的装饰矢量图形为封面增添了特色，缤纷的色彩营造了活泼生动的气氛，效果如图8-54所示。

图8-54

8.4.1 大致布局

运用钢笔工具绘制五彩的色块，将画面大致分区。

01 启动Photoshop CS6，然后按Ctrl+N快捷键新建一个"美食书籍设计"文件，具体参数设置如图8-55所示。

图8-55

02 按Ctrl+R快捷键显示出标尺，然后添加如图8-56所示的参考线，将封面、书脊、封底划分出来。

图8-56

03 打开学习资源中的"素材文件>CH08>素材10.jpg"文件，然后将其拖曳到"美食书籍设计"操作界面中，接着将新生成的图层更名为"甜甜圈1"，效果如图8-57所示。

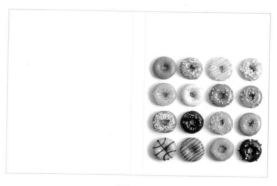

图8-57

04 新建"图层1"，然后使用"钢笔工具" ✎ 绘制出一个三角形路径，接着按Ctrl+Enter快捷键载入路径的选区，最后设置前景色为（R:89，

G:232，B:250），并按Alt+Delete快捷键用前景色填充选区，效果如图8-58所示。

图8-58

05 使用相同的方法和合适的颜色按图8-59所示完善整个背景画面。

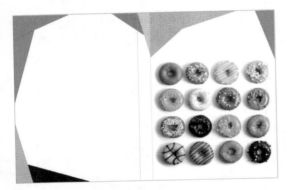

图8-59

8.4.2 完善整体

绘制和画面相符的甜美风格的文字，添加花纹装饰图案，完善画面。

01 设置前景色为（R:35，G:191，B: 186），然后使用"横排文字工具" T（字体大小和样式可根据实际情况而定）在绘图区域中输入文字信息并设置样式，效果如图8-60所示。

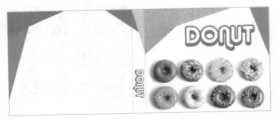

图8-60

02 打开学习资源中的"素材文件>CH08>素材11.png和素材12.jpg"文件，然后分别将其拖曳

到"美食书籍设计"操作界面中，接着将新生成的图层分别更名为"甜甜圈2"和"条形码"，效果如图8-61所示。

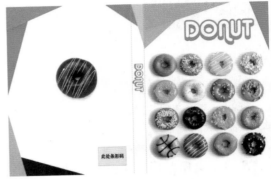

图8-61

03 打开学习资源中的"素材文件>CH08>素材13.psd"文件，然后将其分别拖曳到"美食书籍设计"操作界面中，效果如图8-62所示，装帧效果如图8-63所示。

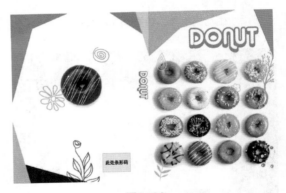

图8-62

图8-63

8.5 课后习题

本课课后习题是书籍装帧的练习，目的是帮助读者巩固本章所学知识，能够熟练运用各种工具进行书籍封面设计。

课后习题　运动杂志设计

- » 实例位置　实例文件>CH08>8.5>运动杂志设计.psd
- » 素材位置　素材文件>CH08>素材14.png～素材16.png、素材17.psd、素材18.png、素材19.png、素材20.jpg
- » 视频名称　课后习题：运动杂志设计
- » 技术掌握　利用合适的色调突出运动主题

本习题制作的是一款瑜伽运动杂志封面。瑜伽是一种柔美轻盈的运动，所以整个画面选择了比较柔美的色调，配合瑜伽动作，体现出了运动主题；添加叶子元素展现了健康主题，整个画面清新自然，效果如图8-64所示。

图8-64

第1步：添加运动的人物素材，然后绘制渐变圆形图案，如图8-65所示。

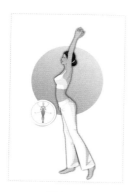

图8-65

第2步：添加花纹素材，然后复制多份摆放到合适的位置，接着添加条形码素材，如图8-66所示。

图8-66

第3步：输入封面文字信息，然后设置合适的字体和颜色，最终效果如图8-67所示。

图8-67

课后习题　中药书籍设计

- » 实例位置　实例文件>CH08>8.6>中药书籍设计.psd
- » 素材位置　素材文件>CH08>素材21.jpg、素材22.psd、素材23.jpg、素材24.psd
- » 视频名称　课后习题：中药书籍设计
- » 技术掌握　绘制圆形图案并进行排列

本习题制作的是一款中药书籍封面，采用中式设计风格给人以沉稳的感觉，所以这里选择了暗黄色作为背景色，绘制圆形图案进行版面设计，添加各种药材元素，效果如图8-68所示。

图8-68

第1步： 添加纹理背景图片，然后绘制出多个圆形图案进行排列，效果如图8-69所示。

图8-69

第2步： 导入中药素材和条形码，然后放置到合适的位置，接着绘制出书脊，如图8-70所示。

图8-70

第3步： 在封面、封底和书脊输入文字信息，最终效果如图8-71所示。

图8-71

8.6 本课笔记

第9课

包装设计

包装是商品不可缺少的一部分，包装能够更直观地宣传商品、宣传品牌，也会影响消费者的购买倾向。所以，包装设计要直观体现出产品的特性，为产品提升价值。本课将讲解不同类别的产品包装的设计方法。

学习要点

- » 包装设计的概念
- » 包装设计的特征
- » 包装的功能
- » 包装设计的分类
- » 包装设计的目的

9.1 包装设计基础知识

包装设计是指对制成品的容器及其他包装的结构和外观进行的设计，是视觉传达设计中的一部分。任何产品商品化后都需要包装，包装已经成为人们日常生活中不可缺少的部分。包装设计曾经只是围绕包装自身功能性的开发而展开的，如今已被视为强有力的销售工具，是品牌价值的实际载体。

9.1.1 包装设计的基本概念

包装，"包"可理解为包裹、包围、收纳等含义，"装"可理解为装饰、装扮等意思。

包装设计是以商品的保护、使用、促销为目的，将科学、社会、艺术、心理等要素综合起来的专业技术和能力，其内容主要有造型设计、结构设计、装潢设计。

1.包装造型设计

包装造型设计是运用美学法则，用有型的材料来制作占有一定的空间的，具有实用价值和美感效果的包装型体，是一种实用性的立体设计和艺术创造，如图9-1所示。

图9-1

2.包装结构设计

包装结构设计是从包装的保护性、方便性、复用性和显示性等基本功能和生产实际条件出发，

依据科学原理对包装外形构造及内部附件进行的设计，如图9-2所示。

图9-2

3.包装装潢设计

包装装潢设计不仅能美化商品，还有助于传递信息、促进销售。它是运用艺术手段对包装进行的外观平面设计，其内容包括图案、色彩、文字、商标等，如图9-3所示。

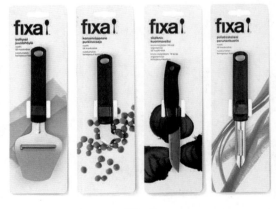

图9-3

9.1.2 包装设计的特征

进行包装设计之前，必须根据商品的性质、形态、流通意图与消费环境确定商品包装的功能目标定位，这是不可逾越的关键一步，故包装设计

具有从属商品和消费对象的鲜明特点。

1.优秀的平面造型设计

　　色彩、图案、平衡感、比例、工艺等元素都是在包装设计过程中应该考虑的。同时，包装成品是具有三维空间的个体，所以还需要其他制作技巧来支撑，这就要求设计师了解各种材料和工艺的特征，合理安排各种视觉因素，这样才能设计出更好的作品，如图9-4所示。

图9-4

2.直观的设计

　　在商场和超市的众多商品中，消费者的目光在每件商品上最多停留半秒钟。因此，优秀的包装设计必须是简洁而直观的，不管设计因素是简单还是复杂，其给人的整体感觉必须清晰明了，使顾客对产品的用途一目了然，如图9-5所示。

图9-5

3.顺应顾客要求的设计

　　设计者必须了解顾客的需求。如果是新产品，其目标市场有哪些特征；如果是更新换代产品，顾客对原包装做何评论。总之，对顾客情况的了解越充分，最终的设计效果就会越好。

4.充满竞争的设计

　　商业的竞争日趋激烈，如何能让自己的产品在同类产品中脱颖而出？包装设计在其中起着很重要的作用。不仅要研究对手的产品设计，还要研究陈列与销售方式、推销方式，以及产品仓储、运输等情况。

5.广告宣传行为

　　产品包装设计并不是独立的，应与各种广告宣传相结合，如通过口号、形象、色彩等方式反映出广告宣传主旨。

6.集体协作的产物

　　在进行包装设计的过程中，设计只是其中一个环节，整个工作是由市场调研员、纸张工程师、色彩顾问等通力配合完成的，群体之间的相互配合、相互协作是成功的关键。

9.1.3 包装的功能

　　在实际生活中，人们真正需要的不是包装本身，而是包装的功能。商品从生产环节到销售环节，包装为适应不同需要，必须具备多种功能。

　　总体来说，包装具有容纳、保护、传送、便利、促销和社会适应的功能，其中最主要的是下面3种功能。

1.保护功能

　　保护功能是最主要的功能，保护商品免受外来物的侵袭和冲击，如运输过程中的震动、潮湿、化学物质侵袭、挤压等。设计时应根据产品类别来考虑（新鲜食品应确保通风保鲜、电子产品应确保防震等），如图9-6所示。

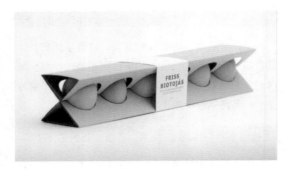

图9-6

2.促销功能

包装上的商标、文字、图形、色彩等均能起到一定的传达信息的作用。好的包装设计可以在美化商品的同时促进商品销售，增加产品竞争力，如图9-7所示。

图9-7

3.便利功能（方便贮藏、运输）

包装必须兼顾生产、流通、仓储、使用和环保方面的要求，如图9-8所示。

图9-8

9.1.4 包装设计的分类

商品不同，商品的包装自然也形态各异。为了读者可以更好地理解包装的作用，掌握包装的含义，我们对包装进行了分类。

1.以包装的形态分类

以包装的形态可分为大包装、中包装、小包装、硬包装、软包装，如图9-9所示。

图9-9

2.以形态的性质分类

以形态的性质可分为内包装、个包装、外包装，如图9-10所示。

图9-10

3.以包装材料分类

以包装材料可分为纸盒包装、塑料包装、金属包装、木包装、陶瓷包装、玻璃包装、棉麻包装、丝绸包装等，如图9-11所示。

图9-11

4.以商品内容分类

以商品内容可分为食品包装、烟酒包装、文化用品包装、化妆品包装、家电包装、日用品包装、土特产包装、药品包装、化学用品包装、玩具包装等，如图9-12所示。

图9-12

5.以商品销售模式分类

以商品销售模式可分为内销包装、外销包装、经济包装、礼品包装等。

6.以商品设计风格分类

以商品设计风格可分为卡通包装、传统包装、怀旧包装、浪漫包装等。

7.以商品性质分类

以商品性质可分为商业包装和工业包装。

9.1.5 包装设计的目的

包装设计的最终目的是促进销售，利于消费。销售是针对生产者而言，消费是针对消费者而言，这是一个问题的两个方面。而对待这个问题的态度、理解和认识，将决定着包装设计的成败。所以，当我们在进行包装设计的时候，就要兼顾这两方面的因素。既要考虑生产者的利益，也要考虑消费者的利益。销售的目的是获取利益，消费的目的是满足需求。设计师的目的是使它们合二为一。

9.2 茶叶包装设计

» 实例位置　实例文件>CH09>9.2>茶叶包装设计.psd
» 素材位置　素材文件>CH09>素材01.jpg、素材02.jpg、素材03.png、素材04.png、素材05.jpg、素材06.png~素材08.png
» 视频名称　茶叶包装设计
» 技术掌握　制作茶园效果体现绿色生态茶叶

⊙ 设计思路指导

第1点：在设计时要集中表现商品内容的重点，针对商品、消费、销售3方面资料进行比较和选择。

第2点：在设计时要注重表现角度的选择，即确定重点后要考虑具体的突破口的设置，再进行设计。

第3点：茶叶包装设计主题要简明，重点要突出。

第4点：文字和图片的排列要根据包装面积大小和形状而定，同时要注意文字与画面的协调性。

第5点：包装上要有茶叶的商标、产地、品质特征和净重。

⊙ 案例背景分析

本案例设计的是茶叶包装，该设计通过茶园和茶杯来展示茶叶的绿色生态特色，色彩与图案搭配和谐优美，图形与文字分配合理，平衡感和比例设置协调，整体画面简洁大方，清新脱俗，令观者眼前一亮，效果如图9-13所示。

图9-13

9.2.1 绘制大体图形

将包装各面区分出来，绘制出大体图形。

01 启动Photoshop CS6，然后按Ctrl+N快捷键新建一个"茶叶包装设计"文件，具体参数设置如图9-14所示。

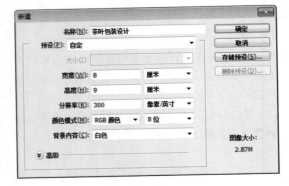

图9-14

02 按Ctrl+R快捷键显示出标尺，然后添加如图9-15所示的参考线，将包装盒的几个面划分出来。

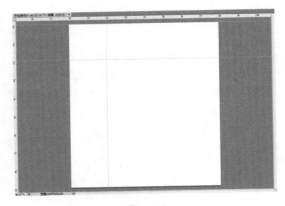

图9-15

03 打开学习资源中的"素材文件>CH09>素材01.jpg"文件，然后将其拖曳到"茶叶包装设计"操作界面中，接着将新生成的图层更名为"素材"，如图9-16所示。

04 打开学习资源中的"素材文件> CH09>素材02.jpg"文件，然后将其拖曳到"茶叶包装设计"操作界面中，接着将新生成的图层更名为"图片"，如图9-17所示。

图9-16　　　　　　　　图9-17

05 选择"椭圆选框工具" ◯ ，在选项栏中设置羽化为10像素，然后在图像中绘制一个合适的图形选区，如图9-18所示，接着按Shift+Ctrl+I快捷键反选图像，最后按Delete键删除选区内的图像，效果如图9-19所示。

 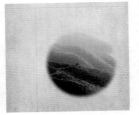

图9-18　　　　　　　　图9-19

06 打开学习资源中的"素材文件>CH09>素材03.png和素材04.png"文件，然后分别将其拖曳到"茶叶包装设计"操作界面中，接着将新生成的图层分别更名为"茶杯"和"烟雾"，最后将"烟雾"图层的"混合模式"设置为"滤色"，效果如图9-20所示。

图9-20

9.2.2 绘制装饰元素

绘制与主题相符的色块，以突出重要信息，丰富画面。

01 新建"图层2",然后设置前景色为(R: 218,G:217,B:69),接着使用"矩形工具" ◻ 和"多边形工具" ◻ 绘制出图9-21所示的图形,最后按Ctrl+E快捷键合并图层,并单击鼠标右键,在弹出的菜单中选择"栅格化图层"命令。

02 按Ctrl+J快捷键复制出一个图层,然后将其移动到"图层2"的下方,接着设置前景色为(R:123,G:132,B:25),最后按住Ctrl键,并单击该图层缩略图将其载入选区,并按Alt+Delete快捷键用前景色填充选区,效果如图9-22所示。

图9-21　　　　　　图9-22

03 按住Shift键的同时选中"图层2"和"图层2拷贝"图层,然后按Ctrl+J快捷键复制出两个图层,接着将其调整到合适的位置,最后运用同样的方法绘制出其他的矩形,效果如图9-23所示。

图9-23

提示

这里先绘制一个矩形条,然后绘制一个同样宽度的三角形进行组合。

9.2.3 绘制侧面

包装侧面包含茶叶的产地、功效和特点等信息。

01 使用"圆角矩形工具" ◻ 和"多边形工具" ◻ 绘制出如图9-24所示的图形,并按Ctrl+E快捷键合并图层。

图9-24

02 打开学习资源中的"素材文件>CH09>素材05.jpg"文件,然后将其拖曳到"茶叶包装设计"操作界面中,接着将新生成的图层更名为"茶叶",最后将该图层设置为"图层3"的剪贴蒙版,效果如图9-25所示。

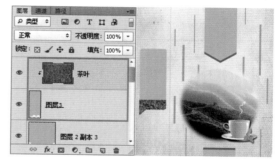

图9-25

03 设置前景色为(R:54,G:24,B:11),然后使用"横排文字工具" T (字体大小和样式可根据实际情况而定)在绘图区域中输入文字信息,接着导入学习资源中的"素材文件>CH09>素材06.png"文件,将其栅格化并命名为"茶壶"图层,效果如图9-26所示。

04 选择"茶壶"图层,然后按Ctrl+J快捷键复制出一个图层,接着选择"茶叶"图层,复制出一个图层,并移动到"茶壶拷贝"图层的上方,最后将该图层设置为"茶壶拷贝"图层的剪贴蒙版,再调整到合适的位置,效果如图9-27所示。

图9-26　　　　　　　图9-27

05 打开学习资源中的"素材文件>CH09>素材07.png和素材08.png"文件，然后分别将其拖曳到"茶叶包装设计"操作界面中，接着将新生成的图层分别更名为"logo"和"条形码"，如图9-28所示，包装的最终立体效果如图9-29所示。

图9-28　　　　　　　图9-29

9.3 果汁包装设计

- » 实例位置　实例文件>CH09>9.3>果汁包装设计.psd
- » 素材位置　素材文件>CH09>素材09.jpg、素材10.psd、素材11.abr、素材12.jpg、素材13.png
- » 视频名称　果汁包装设计
- » 技术掌握　选择合适的元素体现产品的口感

⊙ **设计思路指导**

第1点：醒目。包装要有奇特、新颖的造型，这样才能吸引消费者的注意力，起到促销的作用。

第2点：理解。成功的包装设计不仅要通过造型、色彩、图案和材质来引起消费者对产品的注意与兴趣，还要让消费者理解产品。

第3点：好感。包装的造型、色彩、图案和材质要能获得消费者的好感。

第4点：可通过色彩突出商品的个性。

第5点：选择草莓元素，可直观地体现出果汁的类别和口感。

⊙ **案例背景分析**

本案例设计的是草莓果汁包装，该设计以新鲜的草莓元素作为设计主体，令人垂涎欲滴，包装上的草莓元素具有传达销售信息的功能。红色和金色的搭配提升了包装的品质感，整体设计在美化商品的同时，有助于促进商品销售和增加产品竞争力，效果如图9-30所示。

图9-30

9.3.1 确定设计风格

选择金色颗粒图片作为背景，再加入新鲜的草莓元素，直观呈现出产品的特性。

01 启动Photoshop CS6，然后按Ctrl+N快捷键新建一个"果汁包装设计"文件，具体参数设置如图9-31所示。

02 按Ctrl+R快捷键显示出标尺，然后添加如图9-32所示的参考线，将包装盒的正面和侧面划分出来。

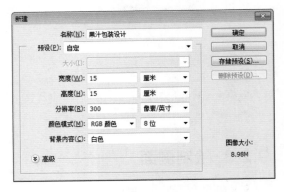

图9-31

图9-32

03 打开学习资源中的"素材文件>CH09>素材09.jpg"文件，然后将其拖曳到"果汁包装设计"操作界面中，接着将新生成的图层更名为"素材1"，最后设置该图层的"不透明度"为70%，效果如图9-33所示。

04 在"图层"面板的下方单击"添加图层蒙版"按钮 ，为"素材"图层添加一个图层蒙版，然后使用"渐变工具" 在蒙版中从下往上填充黑色到透明的线性渐变色，效果如图9-34所示。

图9-33　　　　　　　图9-34

05 新建一个图层，使用"钢笔工具"绘制一个曲线图形，将路径转换为选区，然后选择"渐变工具"，打开"渐变编辑器"对话框，编辑出合适的渐变色，接着为图层填充线性渐变色，如图9-35所示，最终运用同样的方法绘制一个金色的渐变图形，效果如图9-36所示。

06 打开学习资源中的"素材文件> CH09>素材10.psd"文件，然后将草莓图层分别拖曳到"果汁包装设计"操作界面中，接着根据画面整体效果按Ctrl+J快捷键复制出多个图层，最后依次拖放到合适的位置，效果如图9-37所示。

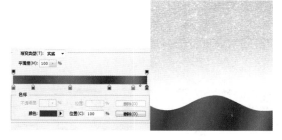

图9-35

图9-36　　　　　　　图9-37

9.3.2 制作文字效果

制作金色花纹点缀画面，同时添加产品的名称、规则和简介等信息。

01 单击"画笔工具" ，然后载入学习资源中的"素材文件>CH09>素材11.abr"画笔文件，接着设置前景色为（R:198，G:172，B:88），再新建一个图层，使用载入的画笔工具绘制花纹图案，如图9-38所示。

02 按Ctrl+J快捷键复制出两个图层，然后将其调整到合适的大小和位置，效果如图9-39所示。

图9-38　　　　　　　图9-39

03 使用文字工具（字体大小和样式可根据实际情况而定）在绘图区域中输入相关文字信息，效果如图9-40所示。

04 选择summer文字图层，然后执行"图层>图层样式>投影"菜单命令，打开"图层样式"对话框，接着设置"不透明度"为35%、"距离"为15像素、"大小"为5像素，效果如图9-41所示。

图9-40　　　　　　图9-41

05 打开学习资源中的"素材文件>CH09>素材12.jpg和素材13.png"文件，然后分别将其拖曳到"茶叶包装设计"操作界面中，接着将新生成的图层分别更名为"条形码"和"标志"，最终效果如图9-42所示。

图9-42

9.4 防晒霜包装设计

» **实例位置**　实例文件>CH09>9.4>防晒霜包装设计.psd
» **素材位置**　素材文件>CH09>素材14.png、素材15.jpg、素材16.png、素材17.png、素材18.jpg
» **视频名称**　防晒霜包装设计
» **技术掌握**　清爽立体包装效果的制作方法

⊙ **设计思路指导**

　　第1点：包装要有识别功能。消费者的记忆中保存着各种商品的常规包装样式，他们常常根据包装的固有造型来购买商品。当商品的质量不容易从其外观辨别的时候，人们往往会凭包装来进行判断，因此商品包装的识别性显得尤为重要。

　　第2点：包装要便于携带和使用，还要能够指导消费者如何使用该产品。

　　第3点：色彩对人的情绪有一定的影响，因此必须注重包装纸颜色的搭配，可按年龄和性别来加以区别。男士可以冷色调为主；女士可选择亮丽或素雅大方的浅色；儿童则可选择明快的颜色。

　　第4点：每件精心加工后的包装均能体现出一定的艺术性，可以通过添加装饰带和装饰花等小装饰物来增加艺术效果。

　　第5点：防晒霜的使用对象大多为女性，所以包装应选择比较亮丽同时又显得清爽的颜色。

　　第6点：对于女性产品，包装设计风格可考虑可爱、唯美等类型。

⊙ **案例背景分析**

　　本案例设计的是一款时尚防晒霜包装，防晒霜一般在夏日使用，夏日阳光沙滩场景能完美地诠释防晒霜的作用，所以选择沙滩、海面作为背景；防晒霜的包装选用淡黄色，使其能在蓝色背景下更加亮眼；猫咪图案可体现可爱的设计风格，效果如图9-43所示。

图9-43

9.4.1 制作主体部分

　　添加相关元素，制作出防晒霜的大体图像。

01 启动Photoshop CS6，然后打开学习资源中的"素材文件>CH09>素材14.png"文件，接着更改图层名为"图层1"，如图9-44所示。

图9-44

02 打开学习资源中的"素材文件>CH09>素材15.jpg"文件，然后将其拖曳到"防晒霜包装设计"操作界面中，接着更改图层名为"图层2"，如图9-45所示。

图9-45

03 将"图层1"载入选区，然后选择"图层2"，再按Ctrl+Shift+I快捷键进行反选，并删除选区内的内容，接着设置"混合模式"为"正片叠底"、"不透明度"为30%，效果如图9-46所示。

图9-46

04 使用"钢笔工具" 绘制出底部的选区，如图9-47所示，然后设置前景色为（R:253，G:120，B:2），接着新建一个图层，并按Alt+Delete快捷键用前景色填充图层，最后设置图层的"混合模式"为"正片叠底"，效果如图9-48所示。

图9-47

图9-48

05 打开学习资源中的"素材文件>CH09>素材16.png"文件，然后将其移动到文件中的合适位置，接着载入图层选区，设置前景色为（R:121，G:107，B:83），并填充选区，最后设置图层的"混合模式"为"正片叠底"，再复制出一个图形并移动到合适的位置，效果如图9-49所示。

图9-49

9.4.2 制作文字

在制作文字时，要选择和画面其他元素风格相符的字体和颜色。

01 使用"横排文字工具" T 在绘图区域中输入文字信息，并设置合适的字体和大小，效果如图9-50所示。

图9-50

02 打开学习资源中的"素材文件>CH09>素材17.png"文件，然后将其移动到文件中的合适位置，接着使用"矩形选框工具" □ 选择图形的上半部分并删除，再复制一个图形并将其摆放到合适的位置，效果如图9-51所示。

图9-51

03 使用"横排文字工具" T （字体大小和样式可根据实际情况而定）在绘图区域中输入其他文字信息，效果如图9-52所示。

图9-52

> **提示**
> 根据透视的关系可知，右侧的文字需要有透视的效果。

9.4.3 塑造立体感

制作黑白渐变效果，为包装塑造立体感。

01 新建一个图层，然后载入"图层1"的选区，并为选区填充灰色，再设置"不透明度"为30%，如图9-53所示，接着为其添加一个图层蒙版，并为蒙版填充黑白的线性渐变色，最后使用同样的方法为右边的图形也添加一个渐变效果，效果如图9-54所示。

图9-53

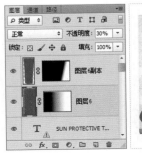

图9-54

02 在最下面的图层上新建"投影"图层，然后使用"钢笔工具" 勾出投影的轮廓，并载入选区，接着进行适当的羽化，最后使用同样的方法添加图层蒙版并填充黑白渐变色，绘制出自然的投影效果，如图9-55所示。

03 打开学习资源中的"素材文件>CH09>素材18.jpg"文件，然后将其移动到文件中的合适位置，最终效果如图9-56所示。

图9-55

图9-56

9.5 月饼包装设计

- » 实例位置　实例文件>CH09>9.5>月饼包装设计.psd
- » 素材位置　素材文件>CH09>素材19.png、素材20.psd、素材21.png~素材24.png
- » 视频名称　月饼包装设计
- » 技术掌握　运用渐变叠加制作图形渐变效果

⊙ **设计思路指导**

第1点：礼品盒的形状各式各样，如长方体、心形、圆柱体和圆锥体等，但总离不开两种基本包装方法——方形包装法和圆柱形包装法。

第2点：成功的包装设计融艺术性、知识性、趣味性和时代感于一体。高档的商品外观质量可以激发购买者的社会性需求，让他们在拥有商品的同时感到提高了自己的身份，产生愉悦感。

第3点：礼品的主题是决定如何进行礼品包装的基础，任何包装设计都必须突出主题。

第4点：礼品包装也是知识型包装，在设计之前要对包装材料有充分的了解，这样才能设计出一件"艺术品"。

第5点：月饼包装要体现出节日的气氛，画面中可以有祥云、月、富贵花等元素。

⊙ **案例背景分析**

本案例设计的是月饼礼盒包装，整个设计采用白色、金色和桃红色相搭配，打破富丽堂皇的传统设计模式，整体简洁而直观，清新雅致，不落俗套，展现出了中秋的节日氛围，效果如图9-57所示。

图9-57

9.5.1 制作主体图形

添加祥云图案与精致的金色渐变字体，体现出中秋主题。

01 启动Photoshop CS6，然后按Ctrl+N快捷键新建一个"月饼包装设计"文件，具体参数设置如图9-58所示。

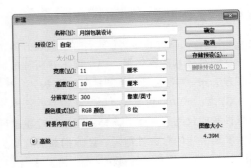

图9-58

02 打开学习资源中的"素材文件>CH09>素材19.png"文件,然后将其拖曳到"月饼包装设计"操作界面中,接着将新生成的图层更名为"金粉",如图9-59所示。

图9-59

03 新建"图层1",然后设置前景色为(R:178,G:11,B:57),接着使用"椭圆选框工具" ⊙ 在图像中绘制一个合适的圆形选区,最后按Alt+Delete快捷键用前景色填充选区,效果如图9-60所示。

图9-60

04 执行"图层>图层样式>内阴影"菜单命令,打开"图层样式"对话框,然后设置"距离"为8像素、"大小"为5像素,效果如图9-61所示。

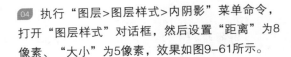

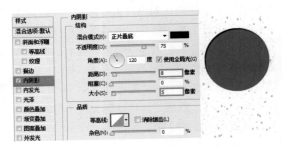

图9-61

05 打开学习资源中的"素材文件>CH09>素材20.psd"文件,然后将相关图层分别拖曳到"月饼包装设计"操作界面中,接着依次拖放到合适的位置,最后将所有图层设置为"图层1"的剪贴蒙版,效果如图9-62所示。

图9-62

06 选择"月"图层,然后执行"图层>图层样式>渐变叠加"菜单命令,打开"图层样式"对话框,接着单击"点按可编辑渐变"按钮 □ ,并在弹出的"渐变编辑器"对话框中设置第1个色标的颜色为(R:201,G:153,B:46)、第2个色标的颜色为(R:239,G:217,B:161)、第3个色标的颜色为(R:203,G:157,B:45),如图9-63所示,接着设置"角度"为45°,具体参数设置如图9-64所示,效果如图9-65所示。

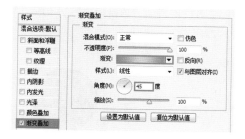

图9-63

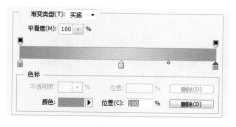

图9-64

图9-65

07 设置前景色为（R:208，G:164，B:69），然后使用"直排文字工具" IT.和"横排文字工具" T.在绘图区域中输入相关文字信息，效果如图9-66所示。

图9-66

08 打开学习资源中的"素材文件>CH09>素材21.png和素材22.png"文件，然后分别将其拖曳

到"月饼包装设计"操作界面中，接着将新生成的图层分别更名为"云纹2"和"云纹3"，效果如图9-67所示。

图9-67

9.5.2 完善画面

添加富贵花元素并完善文字信息，文字颜色选择金色和桃红色。

01 新建"图层2"，然后使用"矩形选框工具" □绘制一个合适的矩形选区，接着按Alt+Delete快捷键用前景色填充该选区，效果如图9-68所示。

图9-68

02 选择"云纹1"图层，然后按Ctrl+J快捷键复制出一个图层，并将其移动到"图层2"的上方，接着在"图层样式"对话框中单击"颜色叠

加"样式，再设置叠加颜色为（R:178，G:11，B:57），最后将该图层设置为"图层2"的剪贴蒙版，效果如图9-69所示。

区，并设置该图层的"不透明度"为40%，效果如图9-72所示。

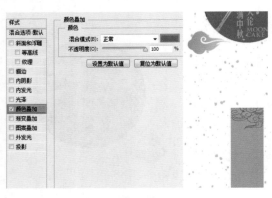

图9-69

图9-71

03 选择"图层2"，然后按Ctrl+J快捷键复制出一个图层，并将图层调整到合适的位置和大小，接着设置前景色为（R:178，G:11，B:57），最后将该图层载入选区，并按Alt+Delete快捷键用前景色填充选区，效果如图9-70所示。

图9-70

图9-72

06 使用"直排文字工具" IT 在绘图区域中输入文字信息，效果如图9-73所示。

04 打开学习资源中的"素材文件>CH09>素材23.png"文件，然后将其拖曳到"月饼包装设计"操作界面中，接着将新生成的图层更名为"花"，如图9-71所示。

05 将"花"图层载入选区，然后新建"图层3"，接着设置前景色为（R:208，G:164，B:69），最后按Alt+Delete快捷键用前景色填充选

图9-73

07 导入学习资源中的"素材文件>CH09>素材24.png"文件，然后将其移动到画面中的合适位置，最终效果如图9-74所示。

图9-74

9.6 课后习题

了解了包装设计的知识和案例的操作技巧后，熟练运用相关知识进行实际操作是我们的目的。下面的练习有助于读者掌握相关设计工具的使用方法，并运用到产品的包装保护和美化方面。

📝 课后习题 爆米花包装设计

» 实例位置　实例文件>CH09>9.6>爆米花包装设计.psd
» 素材位置　素材文件>CH09>素材25.png、素材26.jpg
» 视频名称　课后习题：爆米花包装设计
» 技术掌握　包装透视效果的制作方法

这是一款典型的爆米花包装盒设计，该设计用黄、绿、红等亮色呈现栅格式的搭配效果，再加上爆米花的卡通图案以及文字，不仅美观，而且能增加用户的感知度，效果如图9-75所示。

图9-75

第1步：使用"钢笔工具" ✐ 绘制出长条形色块，然后分别填充红、绿、黄3种颜色，如图9-76所示。

第2步：添加爆米花素材，然后输入卡通文字信息，如图9-77所示。

图9-76　　　　　　　　图9-77

第3步：将绘制好的图像复制一份，然后利用"变换"中的透视命令调整出透视效果，最终效果如图9-78所示。

图9-78

📝 课后习题 玩具包装设计

» 实例位置　实例文件>CH09>9.7>玩具包装设计.psd
» 素材位置　素材文件>CH09>素材27.png~素材30.png
» 视频名称　课后习题：玩具包装设计
» 技术掌握　包装结构的设置和绘制

本习题是针对直升机玩具进行包装设计，整个设计以突出直升机为主，采用与机身相近的蓝色为主色调，与红色相搭配，醒目明了，效果如图9-79所示。

图9-79

第3步：将正面的相关图像和文字复制一份，移动到顶部适当的位置，如图9-82所示。

第4步：利用画面中现有的素材绘制出包装两侧的画面，然后完善文字信息，最终展开效果如图9-83所示。

图9-82   图9-83

第1步：拉出参考线，将包装的每个面区分出来，然后分别绘制色块，如图9-80所示。

第2步：导入产品图片，然后输入主题文字信息，并添加标签的装饰效果，如图9-81所示。

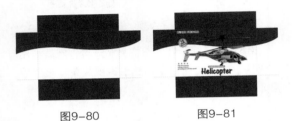

图9-80   图9-81

9.7 本课笔记

第10课

UI界面设计

UI界面设计是指对软件的人机交互、操作逻辑和界面美观等方面的整体设计。普通计算机一般通过鼠标和键盘进行人机交互，手机和平板电脑大多通过触控方式进行交互。总之，不管哪一种操作方式，设计师都需注重用户的操作体验。本课将讲解不同类型界面的设计方法。

学习要点

» 网页设计的基本原则
» 网页设计的基本元素
» 网页的构成要素
» 手机UI设计的原则

10.1 网页设计基础知识

在互联网中，网页是信息的主要载体，凡是在互联网上通过浏览器阅读到的页面，都叫网页。我们通常看到的网页，都是以htm或html后缀结尾的文件，所以网页也俗称HTML文件。

网页设计作为网络内容的一种视觉包装艺术，涉及声音、动画、影像以及三维空间等多个领域，可以说是21世纪重要的视觉艺术表现形式。

10.1.1 网页设计的基本原则

网页设计的人性化理念主要围绕两点，即便利性（Usability）和差别化的独创性（Creativity），而基本原则分为以下7点。

（1）用户导向（User oriented）原则。

（2）KISS（Keep It Simple And Stupid）原则。

（3）布局控制。

（4）视觉平衡。

（5）色彩的合理搭配和文字的可阅读性。

（6）和谐与一致性。

（7）个性化（符合网络文化，塑造网站个性）。

图10-1合理地展现了以上基本原则。

图10-1

10.1.2 网页的构成要素

网页设计界面的构成要素包括标题、Logo、导航、Banner、广告，如图10-2和图10-3所示。

图10-2

图10-3

10.1.3 网页的分类

按网页在网站中所处的位置，可将网页分为主页和子页两类；按网页的表现形式，可将网页分为静态网页和动态网页。

10.1.4 网页设计的基本元素

一个优秀的网站离不了出色的网站设计，人们在浏览网页时，常常会被设计精美的网页所吸引。字体的选择，内容的排列，颜色的搭配，无不考验着网页设计人员的能力。一个完整的网页需包含以下几个方面。

1.文字

网页设计中，文字包括标题、正文、文字链接。可从字体、大小、颜色等方面来设置文本属性，如图10-4和图10-5所示。

图10-4

图10-5

2.图形（图像）

网页设计中，图形包括标题、背景、主图、链接按钮。网页上的图片一般为JPG和GIF格式，如图10-6所示。

图10-6

3.页面版式

网页设计中，版面设置的宗旨就是根据网页内容，将文字和图片按照一定的次序用合理的版式组成一个有机的整体，如图10-7所示。

图10-7

在网页版面编排中，应遵循以下3大基本原则。

（1）突出中心，理清主次。

（2）搭配合理，大小呼应。

（3）图文并茂，相得益彰。

4.色彩

网页设计中，通常不要只运用单一颜色，会显得太单调；反之，颜色太多则会显得花哨。一般使用一种或两种主题色，配以辅助色，一个页面尽量不要超过4种色彩。背景色设计要考虑与前景文字的搭配，两者要拉开层次，不能影响人们阅读内容。标志要突出显示，其色彩跟网页的主题色要拉开层次，也可以用对比色；导航和小标题是网站的指路灯，浏览者要在网页间跳转、了解网站的结构及内容，必须通过它们。这时可以使用稍具跳跃性的色彩来加以强调，以吸引视线，让人感觉网站功能清晰明了、层次分明，不至于迷失方向。网页中的色彩运用要均衡，如图10-8和图10-9所示。

网页设计的配色原理如下。

色彩的鲜明性：网页的色彩要鲜明，这样容易引人注目。

色彩的独特性：要有与众不同的色彩，以给浏览者留下深刻的印象。

图10-8

图10-9

色彩的合适性: 即色彩和网页内容气氛相符。例如粉色能体现女性类站点的柔性。

色彩的联想性: 不同的色彩会令人产生不同的联想,如由蓝色想到天空,由黑色想到黑夜,由红色想到喜庆的事等,因此,选择的颜色要和网页的内容相关联。

5.多媒体

多媒体网页元素除了文本、图像和Flash动画外,还有声音、视频等,如图10-10所示。

图10-10

声音是多媒体网页中的一个重要组成部分。在给网页添加声音前,需要考虑的因素包括其用途、格式、文件大小、声音品质及浏览器版本

等。不同浏览器对声音文件的处理方法有所不同,彼此之间可能不兼容。

视频文件的采用使网页变得精彩而富有动感。常见的格式有RM、MPEG和AVI等。

10.2 手机UI设计基础知识

如今,移动设备已经成为人们生活娱乐的必需品,移动设备的用户界面及体验越来越受到用户的关注。

10.2.1 手机UI设计的概念

UI的本意是用户界面,是英文User和Interface的缩写。从字面上看是用户与界面两个部分,实际上还包括用户与界面之间的交互关系,如图10-11所示。在人和机器的互动过程(Human Machine Interaction)中,有一个层面,即我们所说的界面(Interface)。从心理学的意义来说,界面可分为感觉(视觉、触觉、听觉等)和情感两个层次。用户界面是屏幕产品的重要组成部分。界面设计是一个复杂的、有不同学科参与的工程,认知心理学、设计学、语言学等在此扮演着重要的角色。用户界面设计的三大原则是:置界面于用户的控制之下;减少用户的记忆负担;保持界面的一致性。

图10-11

一个好的手机UI设计不仅可以让软件变得有个性、有品味,更要让软件的操作变得舒适、简单、自由、有趣,要充分体现品牌软件的定位和特点。

10.2.2 手机UI设计的原则

手机UI设计应遵循优化手机用户体验并激发用

户最大兴趣的原则。

1.置界面于用户的控制之下

手机UI设计首先要确立用户类型，可以从不同的角度视实际情况来划分。确定类型后要针对其特点预测和调研他们对不同界面的反应。

2.减少用户的记忆负担

手机UI设计要尽量减少用户的记忆负担，采用有助于记忆的设计方案。

3.保持界面的一致性

在用户界面设计中，一致的外观可以在应用程序中创造一种和谐美。如果界面缺乏一致性，会使应用程序看起来非常混乱，没有条理，降低了用户使用该应用程序的兴趣。为了保持视觉上的一致性，在开发应用程序之前应先确立整体设计策略。

10.3 手机UI界面设计

- » 实例位置　实例文件>CH10>10.3>手机UI界面设计.psd
- » 素材位置　素材文件>CH10>素材01.png～素材03.png、素材04.jpg、素材05.jpg、素材06.psd
- » 视频名称　手机UI界面设计
- » 技术掌握　人机交互界面的设计方法

⊙ **设计思路指导**

第1点：由于手机屏幕尺寸有限，所以在设置图片的尺寸和比例时需注意实用性。

第2点：充分利用空间，避免过大的空白区域，也不要过于局促，将空间的利用率最大化。

第3点：各功能应尽量为用户提供明确的选项。

第4点：交互性设计注重人机交流，要方便用户操作。

第5点：这里制作的是个人首页界面，所以版面不可太复杂，只需展示必要的信息即可。

⊙ **案例背景分析**

本案例是为智能手机设计的个人首页界面，首先明确整个设计风格应以简洁为主，结构规划合

理，使用户一目了然，运用清爽的对比色系给用户带来舒适的视觉享受，效果如图10-12所示。

图10-12

10.3.1 结构布局

明确简洁的界面设计风格，将界面大致分区。

01 启动Photoshop CS6，然后按Ctrl+N快捷键新建一个"手机UI界面设计"文件，具体参数设置如图10-13所示。

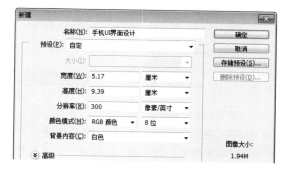

图10-13

02 执行"视图>标尺"命令，然后在显示的标尺区域拉出参考线，效果如图10-14所示。

03 新建一个图层，然后使用"矩形选框工具" 绘制出多个选区，接着分别填充合适的颜色，效果如图10-15所示。

04 导入学习资源中的"素材文件>CH10>素材01.png"文件，然后将其拖曳到文件中的合适位置，接着设置该图层的"不透明度"为50%，效果如图10-16所示。

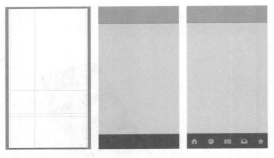

图10-14 图10-15 图10-16

提示

由于手机界面的尺寸有限，所以图标要小而精致。

05 使用"横排文字工具" T 在绘图区域中输入文字信息，然后执行"图层 > 图层样式 > 投影"菜单命令，接着设置"不透明度"为20%、"距离"为3像素、"大小"为0像素，效果如图10-17所示。

图10-17

06 选择"自定形状工具" ，然后在选项栏中设置"填充颜色"为白色、"描边"为"无颜色"，并单击"形状图层"按钮，接着选择"形状"中的"箭头2"图形，最后在绘图区域中绘制出如图10-18所示的图形，再按住Alt键复制Lily Allen文字图层的"投影"图层效果到该形状图层，效果如图10-19所示。

图10-18 图10-19

07 打开学习资源中的"素材文件>CH10>素材02.png"文件，然后将其拖曳到"手机UI界面设计"操作界面中，接着将新生成的图层更名为"素材"，如图10-20所示。

08 新建一个图层，然后使用"矩形工具" 沿画面上方标尺绘制一个合适的白色矩形，接着按Alt键复制"矩形1"的"投影"图层效果到该图层，效果如图10-21所示。

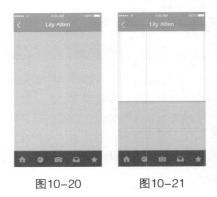

图10-20 图10-21

10.3.2 制作主体图像

选择合适的图片作为头像，并运用渐变工具制作出精致的突出效果。

01 打开学习资源中的"素材文件>CH10>素材03.png和素材04.jpg"文件，然后将其拖曳到"手机UI界面设计"操作界面中，接着将新生成的图层分别更名为"按钮"和"图片"，如图10-22所示。

02 使用"横排文字工具" T （字体大小和样式可根据实际情况而定）在绘图区域中输入文字信息，效果如图10-23所示。

图10-22 图10-23

03 新建一个图层，然后选择"椭圆工具" ⬭ 绘制一个合适的白色圆形，如图10-24所示，接着按Ctrl+J快捷键复制出一个图层，并将其移动到"椭圆1"图层的下方，再调整至合适的大小，最后设置该图层的"填充"为20%，效果如图10-25所示。

充，再按Ctrl+J快捷键复制出一个图层，移动到合适的位置，最后设置该副本图层的"不透明度"为20%，效果如图10-29所示。

图10-27　　　　图10-28　　　　图10-29

图10-24　　　　图10-25

04 执行"图层>图层样式>内阴影"菜单命令，然后设置"混合模式"为"正常"、"阴影颜色"为白色、"不透明度"为50%、"角度"为90°、"距离"为2像素、"大小"为3像素，效果如图10-26所示。

图10-26

05 打开学习资源中的"素材文件>CH10>素材05.jpg"文件，然后将其拖曳到"手机UI界面设计"操作界面中，接着将新生成的图层更名为"头像"，最后将该图层设置为"椭圆1"图层的剪贴蒙版，效果如图10-27所示。

06 设置前景色为（R:245，G:148，B:102），然后使用"横排文字工具" T 在绘图区域中输入文字信息，如图10-28所示，接着使用"椭圆选框工具" ⬭ 绘制一个合适的圆形选区，并用白色填

10.3.3 完善整体效果

将其他的图片和信息进行简单排列，完善效果。

01 选择"圆角矩形工具" ⬭ ，然后沿画面中的标尺创建一个如图10-30所示的圆角矩形。

图10-30

02 执行"图层>图层样式>投影"菜单命令，打开"图层样式"对话框，然后设置"混合模式"为"正常"、"不透明度"为15%、"角度"为90°、"距离"为4像素、"大小"为0像素，效果果如图10-31所示。

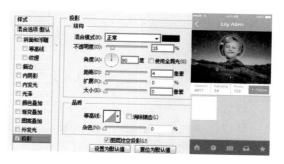

图10-31

03 选择"圆角矩形工具" 🔲，然后按Ctrl+J快捷键复制出多个图层，接着进行适当的排列，效果如图10-32所示。

图10-32

04 打开学习资源中的"素材文件> CH10>素材06.psd"文件，然后分别将其拖曳至当前文件中并调整位置和大小，接着分别创建剪贴蒙版，最终效果如图10-33所示。

图10-33

10.4　游戏界面设计

» 实例位置　实例文件>CH10>10.4>游戏界面设计.psd
» 素材位置　素材文件>CH10>素材07.png、素材08.png、素材09.psd、素材10.png
» 视频名称　游戏界面设计
» 技术掌握　合理布局、制作动感游戏画面

⊙ 设计思路指导

第1点：要注意界面的设计与其向玩家提供的功能之间不要产生冲突，切勿将视觉效果凌驾于功能之上，否则会影响游戏操作。

第2点：对于游戏中显示的信息，若访问频率不高，可将其进行适当隐藏。

第3点：本例设计的是一款海洋类游戏界面，可以选择海洋为背景，再添加相关植物作为点缀。

第4点：画面文字效果要突出，要与整个游戏界面相符。

⊙ 案例背景分析

本案例是为游戏公司设计的游戏界面，该游戏为海洋类游戏，以美丽的海底世界为界面背景，构建出一个梦幻唯美的海底世界。其界面简洁且具有引导功能，便于玩家快速上手。整个设计符合特定界面空间的视觉规律，主题突出，如图10-34所示。

图10-34

10.4.1　制作背景

使用填充和渐变工具制作出深蓝色的海洋背景。

01 启动Photoshop CS6，然后按Ctrl+N快捷键新建一个"游戏界面设计"文件，具体参数设置如图10-35所示。

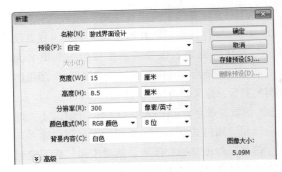

图10-35

02 新建"图层1"，然后选择"渐变工具"![img]，接着打开"渐变编辑器"对话框，设置第1个色标的颜色为（R:30，G:26，B:85）、第2个色标的颜色为（R:20，G:42，B:93），最后按照从上往下的方向为图层填充线性渐变色，效果如图10-36所示。

图10-36

03 新建"图层2"，然后设置前景色为（R:10，G:115，B:172），接着打开"渐变编辑器"，选择"前景色到透明渐变"，再在选项栏中单击"对称渐变"按钮![img]，最后填充图10-37所示的渐变色。

图10-37

04 新建"图层3"，然后设置前景色为紫色，接着使用上述方法在图像中填充图10-38所示的前景色到透明渐变。

05 新建"图层4"，然后设置前景色为（R:88，G:73，B:114），接着使用"钢笔工具"![img]绘制出山的形状路径，并按Ctrl+Enter快捷键载入路径的选区，最后使用前景色填充选区，并设置该图层的"不透明度"为70%，效果如图10-39所示。

图10-38

图10-39

06 使用相同的方法和合适的颜色按照图10-40所示将背景绘制完整。

图10-40

10.4.2 制作文字效果

为文字添加多种图层样式，突出游戏界面的文字效果。

01 打开学习资源中的"素材文件>CH10>素材07.png"文件，然后将其拖曳到"游戏界面设计"操作界面中，接着将新生成的图层更名为"水草"，如图10-41所示。

图10-41

02 打开学习资源中的"素材文件>CH10>素材08.png"文件,然后将其拖曳到"游戏界面设计"操作界面中,接着将新生成的图层更名为"木牌",如图10-42所示。

图10-42

03 使用"横排文字工具"T.(字体大小和样式可根据实际情况而定)在绘图区域中输入文字信息,然后进行适当的旋转,效果如图10-43所示。

图10-43

04 执行"图层>图层样式>投影"菜单命令,打开"图层样式"对话框,然后设置"不透明度"为100%、"距离"为10像素、"扩展"为5%、"大小"为15像素,具体参数设置如图10-44所示;接着选择"渐变叠加"样式,单击"点按可编辑渐变"按钮,并设置第1个色标的颜色为(R:255,G:180,B:0)、第2个色标的颜色为(R:255,G:226,B:181),最后设置"角度"为104°、"缩放"为113%,具体参数设置如图10-45所示。

图10-44

图10-45

05 在"图层样式"对话框中选择"描边"样式,然后设置"大小"为6像素,效果如图10-46所示。

图10-46

10.4.3 制作装饰效果

01 打开学习资源中的"素材文件>CH10>素材09.psd"文件,然后将图层分别拖曳到文件中的合适位置,接着分别命名为"字母"和"气泡",效果如图10-47所示。

图10-47

02 选择"字母"图层,然后设置前景色为(R:0, G:17, B:92),接着按Ctrl键将该图层载入选区,执行"选择>修改>扩展"菜单命令,在弹出的"扩展选区"对话框中设置"扩展量"为25像素,最后按Alt+Delete快捷键用前景色填充选区,效果如图10-48所示。

图10-48

> **提示**
> 图像中的字母效果可以通过添加"斜面和浮雕""渐变叠加"和"投影"图层样式制作出来。

03 执行"图层>图层样式>描边"菜单命令,打开"图层样式"对话框,然后设置"大小"为5像素,描边颜色为(R:146, G:213, B:255),具体参数设置如图10-49所示,效果如图10-50所示。

图10-49

图10-50

04 导入学习资源中的"素材文件>CH10>素材10.png"文件,然后将其移动到画面中的合适位置,最终效果如图10-51所示。

图10-51

10.5 自行车网页设计

» 实例位置　实例文件>CH10>10.5>自行车网页设计.psd
» 素材位置　素材文件>CH10>素材11.psd、素材12.psd、素材13.png
» 视频名称　自行车网页设计
» 技术掌握　充满健康和活力的页面的制作方法

⊙ **设计思路指导**

第1点:整体架构要模块化、清晰化,易于操作。

第2点:网页浏览速度快、更新快、交互性强,因此导航要智能化。

第3点:网站的整体风格要有创意。

第4点:网站的层次结构要清晰,链接结构要有条理。

第5点:网站要具有开放性、可拓展性,易于维护更新,为长期发展服务。

第6点:在选择网站图片时,要根据网站的内容来进行,这里是自行车网页,那么与自行车有关的图片必不可少。

⊙ **案例背景分析**

本案例设计的是自行车网页设计,骑自行车是一项环保、健康的运动,所以设计风格以健康和绿色为主,强调创意。版面要简洁明快,注重实用性,内容要精练,以便于阅读,效果如图10-52所示。

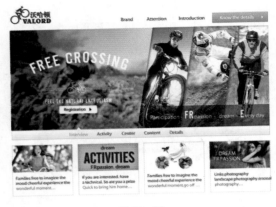

图10-52

10.5.1 制作主体图像

Banner是网站页面的横幅广告，也是网页中最突出的部分，其效果要相当出彩。

01 启动Photoshop CS6，然后按Ctrl+N快捷键新建一个"自行车网页设计"文件，具体参数设置如图10-53所示。

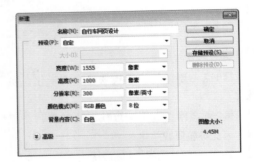

图10-53

02 按Ctrl+R快捷键显示出标尺，然后添加如图10-54所示的参考线，将网页结构大致划分出来。

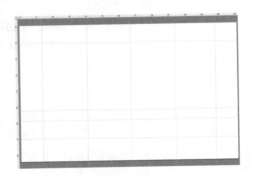

图10-54

03 新建"矩形"图层，然后使用"矩形选框工具" ⬚ 绘制出一个矩形选区，接着填充任意的颜色，如图10-55所示，最后使用"多边形套索工具" ⟩ 绘制出多个选区，并分别填充合适的颜色，效果如图10-56所示。

图10-55

图10-56

04 打开学习资源中的"素材文件>CH10>素材11.psd"文件，然后将图片拖曳到文件中的合适位置，接着分别设置图片为相应色块图层的剪贴蒙版，如图10-57所示。

图10-57

> **提示**
> 这里只是将图像的版式进行划分，所以不需要填充特定的颜色。

05 在"图层"面板的下方单击"添加图层样式"按钮 fx.，然后在弹出的菜单中选择"内阴影"命令，接着在弹出的"内阴影"对话框里设置"不透明度"为60%、"距离"为4像素、"大小"为11像素，如图10-58所示，最后拷贝图层样式并粘贴到其他图层上，效果如图10-59所示。

图10-58

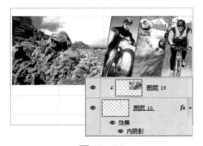

图10-59

06 选择蓝天图像，然后执行"滤镜>模糊>高斯模糊"菜单命令，在弹出的"高斯模糊"对话框中设置"半径"为4像素，如图10-60所示，模糊后的图像边缘有杂边，接着载入"矩形"图层选区，按Shift+Ctrl+I快捷键进行反选，最后删除选区内的图像，效果如图10-61所示。

图10-60

图10-61

07 新建一个图层，然后载入"矩形"图层选区，再设置前景色为黑色，接着选择"渐变工具" ，在渐变编辑器预设中选择"前景色到透明渐变"，最后从左到右为选区填充线性渐变色，再设置图层的"不透明度"为40%，效果如图10-62所示。

图10-62

10.5.2 整体布局

合理分配文字和图片的比重，并安排到合适的位置。

01 新建一个图层，然后使用"矩形选框工具" 绘制一个矩形选区，接着在渐变编辑器预设中选择"前景色到透明渐变"，最后从右到左为选区填充线性渐变色，再适当降低图层的不透明度，效果如图10-63所示。

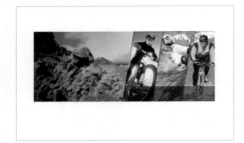

图10-63

图10-66

02 新建一个图层，然后使用"矩形选框工具" ▣ 绘制出合适的选区，再分别填充适当的颜色，如图10-64所示，接着打开学习资源中的"素材文件>CH10>素材12.psd"文件，将图片拖曳到文件中的合适位置，最后分别设置图片为相应矩形图层的剪贴蒙版，如图10-65所示。

图10-64

图10-67

04 选择黄色色块的图像，然后执行"图层>图层样式>内阴影"菜单命令，打开"图层样式"对话框，接着设置"不透明度"为45%、"距离"为0像素、"大小"为40像素，制作出自然的内阴影效果，如图10-68所示。

图10-65

03 选择"圆角矩形工具" ▣，然后设置绘图模式为"形状"、填充为黄色、描边为无、半径为"3像素"，接着绘制出合适的圆角矩形，再为圆角矩形添加一个渐变叠加效果，在渐变编辑器中编辑出蓝色的渐变色，如图10-66所示，最后运用同样的方法绘制出其他圆角矩形，效果如图10-67所示。

图10-68

10.5.3 完善文字信息

字体和字号的选择将会直接影响画面的质感和传播力。

01 使用"横排文字工具" T 在绘图区域中输入文字信息，如图10-69所示。

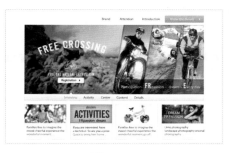

图10-69

提示

在文字输入状态下单击状态栏中的"创建文字变形"按钮 工，打开"变形文字"对话框，在该对话框中设置各项参数，可使文字产生弯曲效果，如图10-70所示。

变形文字	
样式(S): 扇形	确定 取消
● 水平(H) ○ 垂直(V)	
弯曲(B): 28 %	
水平扭曲(O): 0 %	
垂直扭曲(E): 0 %	

图10-70

02 执行"图层>新建调整图层>照片滤镜"菜单命令，然后设置"滤镜"为"冷却滤镜"，调整图片的色调为偏冷色调，效果如图10-71所示。

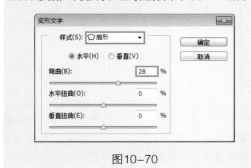

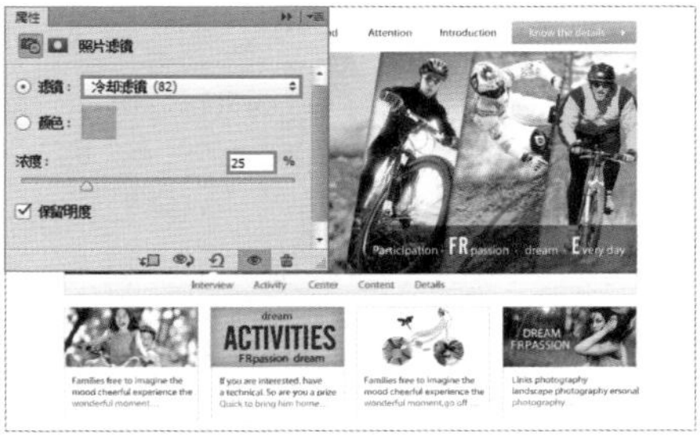

图10-71

03 导入学习资源中的"素材文件>CH10>素材13.png"文件，然后将其移动到文件中的合适位置，最终效果如图10-72所示。

图10-72

10.6 宠物摄影网页设计

» 实例位置　实例文件>CH10>10.6>宠物摄影网页设计.psd
» 素材位置　素材文件>CH10>素材14.jpg、素材15.psd、素材16.png
» 视频名称　宠物摄影网页设计
» 技术掌握　合理运用图片制作大气网页

⊙ **设计思路指导**

第1点：在设计公司网站时一定要设置丰富的内容，因为一个优秀的公司网站不仅要有引人注目的视觉效果，还必须包含公司的详细信息、产品简介和服务等。

第2点：在设计网页时，一定要保证所有的内容准确无误，如果一个公司在网站上的信息都错漏百出，那么它的产品也不会好到哪里去。

第3点：网站上的信息要不断更新，这样才能让用户及时、准确地了解产品的最新情况。

第4点：网站的内容一定要能体现出公司的素质。在建立消费关系之前，客户通常会通过网站上的内容来揣摩产品的质量和售后服务，专业的内容可让客户对产品和服务产生足够的信任。

第5点：本例的宠物摄影网站要充分展示公司提供的相关服务，同时要体现出摄影师高超的摄影技术。

⊙ **案例背景分析**

本案例是为宠物摄影店进行的网页设计，既然是宠物摄影，那么在设计上就应以宠物图片为主，这样才能更好地吸引人们浏览。将文字和图片按照一定的次序编排布局，条理清晰明了，体现了整个界面的统一性，便于人们浏览，效果如图10-73所示。

图10-73

10.6.1 制作导航部分

制作简单的文字效果，直观地传递导航信息。

01 启动Photoshop CS6，然后按Ctrl+N快捷键新建一个"宠物摄影网页设计"文件，具体参数设置如图10-74所示。

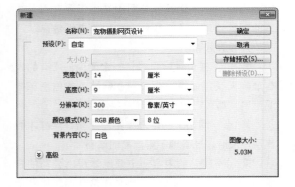

图10-74

02 新建"图层1"，然后设置前景色为（R:192，G:20，B:20），接着使用"矩形选框工具"绘制一个合适的矩形选区，再用前景色填充该选区，最后运用同样的方法绘制一个黑色的矩形条，效果如图10-75所示。

03 使用"钢笔工具"绘制出如图10-76所示的标签图形。

图10-75

图10-76

04 使用"横排文字工具"（字体大小和样式可根据实际情况而定）在绘图区域中输入文字信息，效果如图10-77所示。

图10-77

05 选择"直线工具"，然后在选项栏中设置"填充颜色"为"无颜色"、"描边"为黑色、"形状描边宽度"为1点，并在描边类型下面的面板中选择虚线，具体参数设置如图10-78所示，接着绘制出如图10-79所示的图形。

图10-78

图10-79

10.6.2 丰富画面信息

利用对比原则制作突出醒目的文字效果。

01 打开学习资源中的"素材文件>CH10>素材14.jpg"文件，然后将其拖曳到"宠物摄影网页设计"操作界面中，接着将新生成的图层更名为"狗"，如图10-80所示。

图10-80

02 使用"矩形工具" ▣ 绘制出多个矩形条，然后适当调整图层的不透明度，接着使用"横排文字工具" T 在矩形条上输入白色文字信息，效果如图10-81所示。

图10-81

03 选择"圆角矩形工具" ▣，然后在选项栏中设置"填充颜色"为白色、"描边颜色"为"无颜色"、"半径"为15像素，接着绘制出如图10-82所示的圆角矩形。

04 执行"图层>图层样式>图案叠加"菜单命令，打开"图层样式"对话框，然后设置"不透明度"为70%，接着打开"图案"拾色器并选择"灰色犊皮纸"，效果如图10-83所示。

图10-82

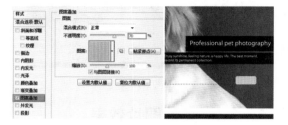

图10-83

05 使用"矩形工具" ▣ 绘制一个大小合适的矩形，然后按Alt键复制"圆角矩形1"图层的"图案叠加"图层效果到该图层，效果如图10-84所示。

图10-84

06 使用"多边形工具" ▣ 和"矩形工具" ▣ 绘制出如图10-85所示的按键效果。

图10-85

07 使用"横排文字工具" T 在绘图区域中输入黑色文字信息，然后选择"直线工具" ╱ 绘制出一条黑色直线，效果如图10-86所示。

图10-86

10.6.3 完善图片效果

图文结合的网页更能吸引浏览者。

01 使用"矩形工具" ▢ 绘制一个大小合适的矩形，然后在"图层样式"对话框中单击"描边"样式，设置"大小"为2像素、"位置"为"内部"、"颜色"为（R:192，G:20，B:20），效果如图10-87所示。

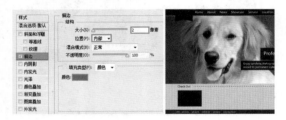

图10-87

02 按Ctrl+J快捷键复制出多个副本图层，并调整好矩形的位置，效果如图10-88所示。

图10-88

03 打开学习资源中的"素材文件>CH10>素材15.psd"文件，然后将其分别拖曳至当前文件中，并根据图层内容将不同的素材图层设置为对应矩形图层的剪贴蒙版，效果如图10-89所示。

图10-89

04 使用"横排文字工具" T 在图片中输入白色文字信息，然后执行"图层>图层样式>投影"菜单命令，接着设置"不透明度"为60%、"距离"为2像素、"大小"为2像素，效果如图10-90所示。

图10-90

05 打开学习资源中的"素材文件>CH10>素材16.png"文件，然后将其拖曳到"宠物摄影网页设计"操作界面中，最后将新生成的图层更名为"logo"，最终效果如图10-91所示。

图10-91

10.7 课后习题

本课课后习题为UI或网页设计练习,目的是帮助读者巩固本章所学知识,能够熟练使用工具进行设计,并能做到举一反三。

📝 课后习题 MP3界面设计

- » 实例位置 实例文件>CH10>10.7>MP3界面设计.psd
- » 素材位置 素材文件>CH10>素材17.png~素材19.png、素材20.jpg、素材21.png~素材23.png
- » 视频名称 课后习题:MP3界面设计
- » 技术掌握 用添加杂色和动感模糊的方法制作金属拉丝效果

本习题是针对MP3播放器进行的界面设计,既然是音乐播放器,那么界面就应具备专辑封面、歌名、进度条、前进后退播放按钮等元素,整个界面以明快的黄色为主色调,效果如图10-92所示。

图10-92

第1步:填充浅色背景,然后导入图标素材,接着绘制一个灰色矩形,添加杂色后进行动感模糊,制作出拉丝的效果,如图10-93所示。

图10-93

第2步:制作专辑封面,运用图层蒙版制作出光盘和包装封面的画面,如图10-94所示。

图10-94

第3步:输入文字信息,然后添加相关图标并完善细节部分,效果如图10-95所示。

图10-95

📝 课后习题 科技类网页界面设计

- » 实例位置 实例文件>CH10>10.8>科技类网页界面设计.psd
- » 素材位置 素材文件>CH10>素材24.jpg、素材25.jpg
- » 视频名称 课后习题:科技类网页界面设计
- » 技术掌握 采用分割画面的方式设计界面

本习题设计的是一款科技类网页界面,该界面运用分割画面的方式进行设计,将图片处理成黑白效果,然后在黑白的基础上添加简单形状的彩色素材图片,视觉效果格外突出,如图10-96所示。

图10-96

第1步：将背景处理成黑白效果，这样与彩色的图片能够产生很好的视觉对比，如图10-97所示。

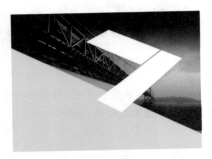

图10-97

第2步：导入图片素材，然后设置其为色块图形的剪贴蒙版，如图10-98所示。

图10-98

第3步：绘制彩色的色块，然后适当降低不透明度，接着制作出导航部分，如图10-99所示。

图10-99

第4步：在页面中输入文字信息，然后制作矩形色块进行装饰，最终效果如图10-100所示。

图10-100

10.8　本课笔记

资 源 与 支 持

本书由数艺社出品，"数艺社"社区平台（www.shuyishe.com）为您提供后续服务。

配套资源

操作练习、综合练习和课后习题的素材文件、实例文件

操作练习、综合练习和课后习题的在线教学视频

教学 PPT 课件

资源获取请扫码

"数艺社"社区平台，为艺术设计从业者提供专业的教育产品。

与我们联系

我们的联系邮箱是 szys@ptpress.com.cn。如果您对本书有任何疑问或建议，请您发邮件给我们，并请在邮件标题中注明本书书名及 ISBN，以便我们更高效地做出反馈。

如果您有兴趣出版图书、录制教学课程，或者参与技术审校等工作，可以发邮件给我们；有意出版图书的作者也可以到"数艺社"社区平台在线投稿（直接访问 www.shuyishe.com 即可）。如果学校、培训机构或企业想批量购买本书或数艺社出版的其他图书，也可以发邮件联系我们。

如果您在网上发现针对数艺社出品图书的各种形式的盗版行为，包括对图书全部或部分内容的非授权传播，请您将怀疑有侵权行为的链接通过邮件发给我们。您的这一举动是对作者权益的保护，也是我们持续为您提供有价值的内容的动力之源。

关于数艺社

人民邮电出版社有限公司旗下品牌"数艺社"，专注于专业艺术设计类图书出版，为艺术设计从业者提供专业的图书、U 书、课程等教育产品。出版领域涉及平面、三维、影视、摄影与后期等数字艺术门类、字体设计、品牌设计、色彩设计等设计理论与应用门类，UI 设计、电商设计、新媒体设计、游戏设计、交互设计、原型设计等互联网设计门类，环艺设计手绘、插画设计手绘、工业设计手绘等设计手绘门类。更多服务请访问"数艺社"社区平台 www.shuyishe.com。我们将提供及时、准确、专业的学习服务。